# Fundamentos de metodologia científica

### 3ª EDIÇÃO

Aidil Jesus da Silveira Barros
Neide Aparecida de Souza Lehfeld

# Fundamentos de metodologia científica

3ª EDIÇÃO

© 2008, 2000, 1996 by Aidil Jesus da Silveira Barros e Neide Aparecida de Souza Lehfeld

Todos os direitos reservados. Nenhuma parte desta publicação poderá ser reproduzida ou transmitida de qualquer modo ou por qualquer outro meio, eletrônico ou mecânico, incluindo fotocópia, gravação ou qualquer outro tipo de sistema de armazenamento e transmissão de informação, sem prévia autorização, por escrito, da Pearson Education do Brasil.

*Gerente editorial:* Roger Trimer
*Editora sênior:* Sabrina Cairo
*Editora de desenvolvimento:* Josie Rogero
*Editora de texto:* Arlete Sousa
*Preparação:* Érica Alvim
*Revisão:* Fernanda Cozatti e Célia Arruda
*Capa:* Alexandre Mieda
*Projeto gráfico e diagramação:* Lucas Godoy/Casa de Idéias

Dados Internacionais de Catalogação na Publicação (CIP)
(Câmara Brasileira do Livro, SP, Brasil)

Barros, Aidil Jesus da Silveira
  Fundamentos de metodologia científica / Aidil Jesus da Silveira Barros, Neide Aparecida de Souza Lehfeld. — 3. ed. — São Paulo : Pearson Prentice Hall, 2007.

  Bibliografia.
  ISBN 978-85-7605-156-5

  1. Ciência - Metodologia 2. Pesquisa - Metodologia I. Lehfeld, Neide Aparecida de Souza. II. Título.

07-6647    CDD-501

Índices para catálogo sistemático:
1. Metodologia científica 501

Direitos exclusivos cedidos à
Pearson Education do Brasil Ltda.,
uma empresa do grupo Pearson Education
Avenida Santa Marina, 1193
CEP 05036-001 - São Paulo - SP - Brasil
Fone: 11 2178-8609 e 11 2178-8653
pearsonuniversidades@pearson.com

*Aos meus pais, o meu agradecimento eterno.*
*Aos meus filhos, Adriana, Aluísio e Amauri,*
*dedico o testemunho do meu trabalho.*

Aidil Jesus da Silveira Barros

*Aos meus filhos Lucas e Leandro,*
*razão constante do meu esforço e trabalho.*
*Ao Sérgio, marido e companheiro nesta caminhada.*

Neide A. S. Lehfeld

## Agradecimentos

Nossos agradecimentos ao prof. dr. Antônio Joaquim Severino, que, com sabedoria e disposição, apreciou o conteúdo deste livro.

Agradecemos também o apoio operacional das seguintes amigas em todo o processo de revisão deste texto: Ana Lúcia Rodrigues Adorno, Fernanda C. Bento Sakaemura, Márcia A. Montezzo Abdou e Sandra Regina Costa Ântico.

# Sumário

Prefácio ..................................................................................... XIII
Introdução ................................................................................. XV
**Capítulo 1 – A metodologia e a universidade** ........................................ 1
    Metodologia científica ...................................................................... 1
        Conceituação ............................................................................. 1
    A importância da metodologia científica ................................................ 5
    Objetivos da disciplina metodologia científica ......................................... 7
    A universidade e a história: breves reflexões .......................................... 8
        A universidade brasileira ............................................................. 10
        A universidade e a metodologia científica ........................................ 11
        A crise da universidade .............................................................. 13
        O universitário e a iniciação científica ............................................ 14
    A divisão da metodologia ................................................................ 16

**Capítulo 2 – Métodos e estratégias de estudo e aprendizagem** ................... 19
    Considerações gerais ...................................................................... 19
    Estudar: conceitos e definições .......................................................... 20
        Estudar em casa ....................................................................... 24
    Procedimentos de estudo ................................................................. 25
        Seminários ............................................................................. 25
        Resumo, esquema, resenha e sinóptico ........................................... 26
            Resumo ............................................................................ 26
            Esquema ........................................................................... 27
            Resenha ........................................................................... 27

Sinóptico ........................................................................................................ 27
A técnica de sublinhar ................................................................................ 29
Pesquisa bibliográfica ........................................................................................ 30
Fase inicial .................................................................................................. 30
Fase média ................................................................................................. 31
Fase final .................................................................................................... 31
Fase de execução ...................................................................................... 33
Documentação do material relevante ..................................................... 34

## Capítulo 3 – Natureza humana: conhecimento e saber .................................. 35
Considerações gerais ....................................................................................... 35
Natureza humana ............................................................................................. 36
Conhecimento .................................................................................................. 36
Natureza humana: conhecimento e saber ..................................................... 37
Níveis de conhecimento ................................................................................... 38
Conhecimento sensível (senso comum) ................................................... 39
Conhecimento filosófico ............................................................................ 40
Conhecimento teológico ............................................................................ 43
Conhecimento científico ............................................................................ 44
Para que estudar a natureza humana, o conhecimento e o saber no início de um curso de metodologia? ............................................................................... 46

## Capítulo 4 – A ciência e suas implicações ........................................................ 49
Breves informações .......................................................................................... 49
Formas de concepção da ciência ................................................................... 50
Características da ciência ................................................................................ 52
Natureza, objetivos e funções da ciência ....................................................... 54
Divisão da ciência ............................................................................................. 56
Ciência e técnica ............................................................................................... 59
O progresso científico ....................................................................................... 61
A informática e a pesquisa ........................................................................ 62
A rede mundial da Internet ................................................................. 63
Serviços colocados à disposição pela Internet ................................. 63

## Capítulo 5 – Método, teoria e lei científica ....................................................... 67
Considerações gerais ....................................................................................... 67
Origem dos principais métodos científicos .................................................... 68
Os métodos científicos nas concepções atuais ............................................ 73
Os processos do método científico ................................................................. 73
Observação ................................................................................................. 74
Formas de classificação da observação ........................................... 74

  Indução ................................................................................................ 75
    Formas de indução ..................................................................... 76
    Regras de indução incompleta .................................................. 77
  Dedução ............................................................................................. 77
  Experimentação ................................................................................ 78
  Método da diferença ....................................................................... 79

## Capítulo 6 – A pesquisa e a iniciação científicas ................................. 81
  Caracterização .................................................................................. 81
  Ética e legitimidade do saber .......................................................... 83
  Tipologia da pesquisa ...................................................................... 84
    Classificação da pesquisa segundo as formas de estudo ............. 84
      A pesquisa descritiva ........................................................... 84
      A pesquisa experimental: seu significado ......................... 90
      A pesquisa-ação .................................................................. 92
    Classificação da pesquisa, segundo os seus fins ......................... 93
    O método da pesquisa .................................................................. 93
    O projeto de pesquisa ................................................................... 94
    Fases do método de pesquisa ...................................................... 96
      Seleção do tema e formulação do problema ................... 96
      Hipótese e variáveis ............................................................. 97

## Capítulo 7 – A pesquisa científica: a coleta de dados ........................ 105
  Coleta de dados .............................................................................. 105
  O diário de campo .......................................................................... 105
    Questionário ................................................................................. 106
      Quanto à aplicação dos questionários ........................... 106
      Vantagens ........................................................................... 107
      Limitações ........................................................................... 107
    Entrevista ...................................................................................... 108
      Cuidados para maior êxito da entrevista ....................... 108
      Vantagens da utilização da entrevista ............................ 109
  Interpretação dos dados ................................................................ 110
  Estudo de caso ................................................................................ 112
  Relatório final ................................................................................... 113
  Objetivos .......................................................................................... 113
  Construindo o relato ....................................................................... 113
  Normas práticas para a apresentação do relatório final ........... 114
    A estrutura do relatório .............................................................. 115
    A publicação do relatório .......................................................... 117

## Capítulo 8 – O trabalho científico: estruturação ........................................... 119
Apresentação da estrutura e elaboração de trabalhos e monografias científicas .................................................................................................. 119
 Introdução ..................................................................................... 120
 Desenvolvimento ........................................................................... 120
 Conclusão ....................................................................................... 120
 Apresentação da estrutura redacional do trabalho científico ....... 121
 Pós-texto ......................................................................................... 124
 Tamanho das folhas e disposição do texto .................................. 125
 Citações .......................................................................................... 126
 Referências bibliográficas .............................................................. 127
  Definição ................................................................................. 127
  Modelos de bibliografia .......................................................... 127
Lista de abreviaturas mais usadas ....................................................... 136

## Conclusão ........................................................................................... 139

## Bibliografia .......................................................................................... 141

## Anexo – Um exemplo de projeto de pesquisa científica .................... 149
Projeto de iniciação científica ............................................................... 152
 Título do projeto ............................................................................. 152
 Justificativa e relevância do tema ................................................. 152
 Objetivos ......................................................................................... 154
  Objetivo básico ....................................................................... 154
  Objetivos secundários ............................................................ 154
 Metodologia .................................................................................... 154
 Desenvolvimento do trabalho ....................................................... 155
  Apresentação .......................................................................... 155
  Introdução ............................................................................... 155
Bibliografia ............................................................................................. 156
 Notas ............................................................................................... 158

# Prefácio

A educação superior no Brasil vem enfrentando, nas últimas décadas, um agravamento de sua situação, registrando, a qualquer análise, acentuada queda de sua qualidade, o que compromete seriamente os objetivos atribuídos à formação universitária. Sem dúvida, tal situação é decorrente de uma série complexa de causas, não só circunstanciais mas também estruturais, que tem a ver com o próprio modelo político-educacional do país e com as diretrizes daí emanadas. A realidade histórico-social marcada pela distribuição desigual dos bens materiais e culturais não gera um contexto propício a um desenvolvimento educacional adequado.

Como em tantos outros setores da vida sociocultural brasileira, também na educação universitária defrontamo-nos com um paradoxo: a sociedade brasileira tem extrema necessidade de educação — da pré-escolar à pós-graduada —, pois sua contribuição é considerada imprescindível para que o país possa se desenvolver como um todo. Mas em que pese o reconhecimento, proclamado até mesmo pelo discurso oficial, da importância e da relevância da educação, de sua imperiosa necessidade social, ela é relegada a um plano secundário nas preocupações e nos investimentos dessa sociedade. Em um país tão carente em termos educacionais, pouco se faz pela educação, considerada na prática algo realmente secundário. A política educacional desenvolvida pelo poder público nas últimas décadas não deixa a menor dúvida: parece que à educação nada mais cabe do que preparar a mão-de-obra barata e descartável para um capitalismo selvagem e obscurantista. E à educação escolar só tem sobrado o triste destino de reproduzir um sistema social satisfeito com sua estrutura rígida e cruel.

Não obstante o teor desse diagnóstico, cabe à educação, em geral, e à educação universitária, em particular, contribuir sistematicamente para a ruptura desse círculo de ferro. Ela é também lugar de contradição, espaço de ruptura. A educação superior poderá desempenhar esse papel qualitativo, no seu âmbito, se conseguir propiciar, às novas gerações, uma tríplice competência: a competência técnico-profissional, a científica e a política, formando profissionais competentes no domínio técnico de suas habilitações de trabalho, com base em conhecimentos científicos assimilados em um processo de reelaboração da ciência como atividade de descoberta e invenção, e comprometidos com uma nova consciência social, ou seja, capazes de compreender e reavaliar sua existência e sua atuação na sociedade a partir de um projeto político-civilizatório voltado para a transformação qualitativa dessa mesma sociedade em seu todo.

Por isso, não se pode deixar de conclamar todos os educadores deste país para essa desafiadora tarefa, nem deixar de saudar todas as iniciativas que buscam implementá-la. É assim que estou vendo e avaliando este texto das professoras Neide Lehfeld e Aidil Jesus da Silveira Barros, que constitui um roteiro eficaz para o estudante no universo da educação científica. Ressalta-se no texto a preocupação didática e a decorrente clareza e acessibilidade. As limitações que a perspectiva didática impõe a qualquer trabalho não impediram o desdobramento de um enfoque de totalidade da problemática em questão. O tratamento dado pelas autoras à metodologia científica insere-se em uma visão que integra adequadamente as diretrizes técnicas do trabalho didático à teoria e à prática científica, evitando assim um enfoque formalístico dessas técnicas. Além disso, o estudo da metodologia e da própria ciência é desenvolvido em um contexto teórico mais amplo, envolvendo uma preocupação explícita com a condição do homem, com a sociedade, a educação e a universidade.

Sem dúvida, percebe-se que este texto já é resultado de uma amadurecida experiência docente das autoras no ensino superior. Ele responde às necessidades e carências dos estudantes universitários e será, portanto, de extrema utilidade para subsidiar professores e alunos dos cursos superiores, mesmo naqueles em cujo currículo não consta a disciplina metodologia científica. O trabalho científico dos alunos, em todas as áreas do conhecimento e em todas as disciplinas curriculares, será tanto mais qualificado quanto mais desenvolvido for com o recurso desses instrumentos lógico-metodológicos.

A ciência só se constrói com esforço, dedicação e rigor; não é possível integrar-se ao processo de elaboração do conhecimento científico de maneira espontânea. Daí a necessidade do estudo sistemático e rigoroso. Com espírito crítico e maturidade intelectual, o estudante desenvolverá também sua formação política, construindo uma nova consciência social.

Desta forma, tenho certeza de que as orientações constantes no presente livro contribuirão para tais transformações.

*Antônio Joaquim Severino*

# Introdução

Ao iniciarmos um curso de metodologia científica, nossa maior preocupação é auxiliar o estudante em seus primeiros passos da vida universitária.

Sabemos que o caminho a ser percorrido na busca da ampliação do saber não é fácil. O universitário precisa assumir e desenvolver hábitos de estudo e aprender a operacionalizar técnicas de estudo e de trabalho que tornem realmente produtivos seus anos de vida universitária, estimulando-o a aprender pela pesquisa.

Estamos, assim, procurando esclarecer ao estudante que todos somos competentes para a produção científica, desde que desenvolvamos a capacidade de observar, selecionar, organizar e usar o espírito crítico sobre a realidade social.

Especificamente, pretendemos, com o conteúdo aqui expresso, conseguir que o aluno chegue a analisar as características essenciais que permitem distinguir a ciência de outras formas de conhecer, enfatizando os métodos científicos utilizados para a obtenção do conhecimento, e não os resultados.

Nossa experiência nesse tipo de iniciação do estudante ao trabalho científico aconselhou-nos que apresentássemos conceitos e fundamentação teórico-prática a partir da abordagem conceitual da metodologia científica, discutindo sobre a natureza do conhecimento e de métodos científicos. Assim, abrimos espaços para relacionar a metodologia científica e os primeiros passos do graduando em processos da pesquisa científica. Os elementos que favorecem o entendimento sobre o conhecimento, seus níveis, características e formas de inter-relação são enfatizados. Ao final da leitura deste trabalho, o estudante, além de encontrar um rol de técnicas e procedimentos que o auxiliarão no seu processo de aprendizado, estará apto a alçar vôos na elaboração de projetos de pesquisa científica.

Os componentes próprios da ação de estudar e aprender são explicitados com a finalidade de conduzir o leitor, sobretudo o acadêmico, a refletir sobre suas motivações, hábitos e postura como estudante. São suscitados os objetivos de estudar e aprender para que o universitário possa, a partir daí, fazer sua própria avaliação diante de seus propósitos. Pretende-se demonstrar que o domínio de métodos e técnicas de leitura analítica, da documentação e da elaboração de trabalhos acadêmicos e monográficos constitui uma exigência para todo estudioso que deseje cumprir a tríplice dimensão: aprender, estudar e pesquisar.

Vale assinalar que todos os encaminhamentos da metodologia científica e da pesquisa aqui apresentados estão alicerçados em fundamentações filosóficas e nos paradigmas que embasam a ciência e as dimensões do conhecer e do agir.

Agora, com esta 3ª edição, mantemos os mesmos propósitos das edições anteriores, mas várias informações foram atualizadas. As normas da ABNT sofreram modificações desde a última edição, o que exigiu uma atualização nas seções que tratam desse assunto. Também foram atualizadas as seções que tratam de sites de busca e pesquisa, pois, como todos nós sabemos, os recursos e as informações disponíveis na Internet mudam a todo momento. Nossa intenção com essa atualização foi disponibilizar uma obra muito mais completa e atualizada, facilitando cada vez mais o trabalho científico e, conseqüentemente, o aprendizado.

**CAPÍTULO 1**

# A metodologia e a universidade

## Metodologia científica

Vamos começar pela apresentação de um problema àquele que acaba de ingressar no curso superior: O que é metodologia? Que relação há entre ciência e metodologia científica? Qual sua importância e utilidade para o universitário?

Muitos estudantes que desejam cursar uma faculdade específica geralmente chegam aos bancos escolares esperando ter de imediato o conhecimento sobre disciplinas e conteúdos que consideram pertinentes e necessários à sua futura prática profissional. Essa expectativa nem sempre é encontrada com relação à disciplina de metodologia científica. Contudo, aos poucos procuraremos demonstrar a sua importância e abrir espaços e motivação suficientes para o seu bom desenvolvimento, considerando que essa disciplina, contemporaneamente, está consolidada nos cursos superiores, de graduação e pós-graduação, para reforçar a aquisição do conhecimento por meio da pesquisa.

Nesse sentido, a metodologia científica é a disciplina que confere os caminhos necessários para o auto-aprendizado, em que o aluno é sujeito do processo, aprendendo a pesquisar e difundir o conhecimento obtido.

## Conceituação

Partindo da definição etimológica do termo, temos que a palavra 'metodologia' vem do grego: *meta*, que significa 'ao largo'; *odos*, 'caminho'; *logos*, 'discurso', 'estudo'.

A metodologia é entendida como uma disciplina que se relaciona com a epistemologia. Consiste em estudar e avaliar os vários métodos disponíveis, identificando suas limitações ou não no que diz respeito às implicações de suas utilizações. A metodologia, quando aplicada, examina e avalia os métodos e as técnicas de pesquisa, bem como a geração ou verificação de novos métodos que conduzam à captação e ao processamento de informações com vistas à resolução de problemas de investigação.

Como se vê, ela corresponde a um conjunto de procedimentos utilizados por uma técnica, ou disciplina, e sua teoria geral. O método pode ser considerado uma visão abstrata da ação, e a metodologia, a visão concreta da operacionalização.

Segundo Pedro Demo (1996:5), a proposta atual da metodologia tem como pressuposto crucial a convicção de que o aprendizado pela pesquisa é a especialização mais própria da educação escolar e acadêmica e da necessidade de fazer da pesquisa atitude cotidiana para professor e aluno.

Assim, a metodologia corresponde a um conjunto de procedimentos a ser utilizado na obtenção do conhecimento. É a aplicação do método, por meio de processos e técnicas, que garante a legitimidade científica do saber obtido.

A metodologia no quadro geral da ciência é uma 'metaciência', isto é, um estudo que tem por objeto a própria ciência e as técnicas específicas de cada ciência. Pode-se perguntar: de que forma ela estuda o método geral da ciência?

Sabemos que ela estuda os métodos científicos sob os aspectos descritivo e da análise crítico-reflexiva. Assim é que, ao abordar o processo científico, a metodologia da ciência, além de descrever o que são os métodos indutivo, dedutivo e hipotético-dedutivo, inclui outros procedimentos que levam à formulação de hipóteses, elaboração de leis, explicações e teorias científicas, fazendo também uma análise crítica deles.

Por meio da metodologia científica, aluno, professor e pesquisador conseguem um contato mediador do conhecimento pelo questionamento construtivo e reconstrutivo do objeto de pesquisa, possibilitando a colocação do saber no plano sócio-histórico e ético-político.

A metodologia é, pois, o estudo da melhor maneira de abordar determinados problemas no estado atual de nossos conhecimentos. Não procura soluções, mas escolhe maneiras de encontrá-las, integrando o que se sabe a respeito dos métodos em vigor nas diferentes disciplinas científicas ou filosóficas.

Essa 'metaciência' tem interesse pelo estudo, descrição e análise dos métodos e lança esclarecimentos sobre seus objetivos, utilidades e conseqüências, ajudando-nos a compreender o próprio processo da pesquisa científica. Isso porque, quando analisada em termos de construção teórica, ela pode ser vista como uma abstração, porém é necessário ressaltar a proximidade entre 'conhecer' e 'intervir', dimensão que a metodologia operacionaliza por meio das mediações com a realidade e a efetivação dos métodos, técnicas e processos.

Como suporte da pesquisa, essa disciplina se formaliza na postura do pesquisador à medida que permite o questionamento sistemático da realidade. Nesse ponto, torna-se necessário esclarecer que essa percepção somente terá relevância quando alicerçada nas concepções da ética e dos valores, no sentido de romper com o tecnicismo empírico, muitas vezes predominante no universo acadêmico da ciência.

Traduzindo em uma linguagem mais simples, o método constitui-se dos passos a ser dados na busca de um conhecimento, uma análise de dada realidade social.

De maneira operacional, a metodologia se define como o estudo crítico do método e também como a lógica particular de uma disciplina.

Os esquemas a seguir representam melhor o conceito:

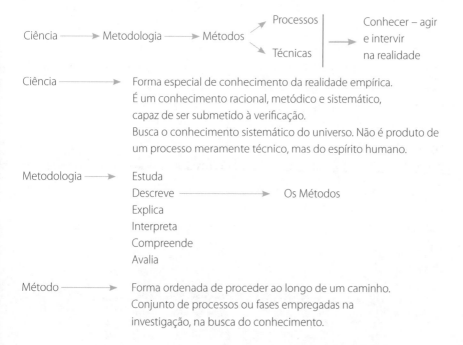

Assim, o método é o caminho ordenado e sistemático para se chegar a um fim. Pode ser estudado como processo intelectual e como processo operacional. Como processo intelectual, é a abordagem de qualquer problema mediante análise prévia e sistemática de todas as vias possíveis de acesso à solução. Como processo operacional, é a maneira lógica de organizar a seqüência das diversas atividades para chegar ao fim almejado; é a própria ordenação da ação de pesquisar. O processo corresponde às etapas de operações limitadas, ligadas a elementos práticos, concretos e adaptados a um objetivo definido. Distingue-se o 'método' do 'processo':

- o primeiro é um plano geral abrangente;
- o segundo, uma aplicação específica do plano metodológico, composto de seqüência ordenada de atividade — é o método operacionalizado.

O 'processo' corresponde à dinamização do caminho do 'método'. Constitui-se normalmente da ação obtida por meio da aplicação de normas e técnicas na busca de determinado fim.

A técnica é uma resposta à questão: por quais meios se chega ao conhecimento x ou y? Com relação às etapas, ela é estritamente ligada ao método e ao processo empregado. As técnicas representam a maneira de atingir um propósito bem definido, a partir de uma orientação básica dada pelo método. Dessa forma, pode-se considerar este último uma estratégia delineada, e as técnicas, táticas necessárias para a sua operacionalização.

No plano da metodologia científica, métodos, procedimentos técnicos e referenciais epistemológicos são componentes inseparáveis na investigação.

O pesquisador, ao se definir por um ou mais métodos no processo da pesquisa, tem presente a concepção de que estes possuem uma dimensão histórica e dependem da especificidade do objeto a ser investigado. Dessa forma, selecionam-se os meios e os processos mais adequados, rompendo com a visão linear, estática e homogênea da investigação científica.

Portanto, a metodologia não pode ser reduzida a uma simples aplicação de técnicas, como se, em decorrência do rigor da aplicação delas, pudéssemos ter pesquisas 'boas' e 'más'. Isso só pode ser superado concebendo-se o método como teoria explicativa, abrangendo os caminhos que as ciências percorreram e percorrem para a produção do conhecimento.

Esquematizando:

As técnicas são aplicadas em obediência ao método e com sua orientação geral, solucionando os problemas para que suas diversas etapas sejam alcançadas.

Não se pode confundir 'método' e 'técnica'. A técnica assegura e instrumentaliza a ação das fases metodológicas. O método estabelece de modo geral 'o que fazer', e a técnica nos dá 'o como fazer', isto é, a maneira mais hábil, mais perfeita de executar uma ação.

Esses elementos merecerão maior atenção no Capítulo 5.

## A importância da metodologia científica

Com relação à importância da disciplina metodologia científica, ela é baseada na apresentação e no exame de diretrizes aptas a instrumentar o universitário no que tange ao estudo e ao aprendizado. Para nós, mais valem o conhecimento e o manejo dessa instrumentação para o trabalho científico do que o conhecimento de uma série de problemas ou o aumento de informações acumuladas sistematicamente. Estamos, pois, voltados para assessorar e colaborar com o crescimento intelectual do aluno e para a formação de um compromisso científico diante da realidade empírica.

Como os objetivos precípuos da universidade são ensinar e divulgar o procedimento científico, formar cientistas e desenvolver o conhecimento, leva-se em conta o estímulo do pensamento produtivo ao conhecimento sistemático, à criatividade e ao espírito crítico.

Estudar é concentrar todos os recursos pessoais na captação e assimilação dos dados, relações e técnicas que conduzem ao domínio de um problema.

Aprender é obter o resultado desejado na atitude do estudo. Essas definições, breves em si, precisam ser imediatamente completadas por estas sentenças esclarecedoras:

a) pode-se estudar e não aprender (esforço ineficiente);
b) pode-se aprender sem estudar (esforço desnecessário).

Temos então:

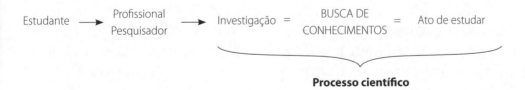

Estudar é o ato metódico, sistemático e objetivo de perscrutar a realidade, por meio da investigação e reflexão, conseguindo conhecer o que o objeto insinua. Há então uma relação interdependente entre o aluno pesquisador e o objeto pesquisado. Estudamos para compreender e entender as coisas que nos cercam. À medida que você aprender a estudar e adquirir bons hábitos de estudo, gastará menos tempo e estará estudando mais. A 'organização' e a 'sistematização' são dois aspectos fundamentais para o bom desenvolvimento do estudo.

Existe grande curiosidade entre os alunos sobre o método mais perfeito ou eficaz para estudar e aprender com pouco esforço e maior aproveitamento do tempo. Espera-se que, a partir da utilização do conteúdo instrumental da metodologia científica, não seja difícil reconhecer o método mais adequado, melhorando sua capacidade de compreensão e facilitando a assimilação e a retenção. É preciso, contudo, que você, ao pretender modificar seus hábitos de estudo, buscando metodizar o ato de estudar, parta da análise da sua situação atual, procurando configurar o seu *status quo* e como você está em relação ao estudo, às avaliações e às realizações da aprendizagem. Posteriormente a essa auto-análise, o aluno deverá se motivar a elaborar um inventário de hábitos de estudo, observar o local onde estuda e sua atitude em sala de aula, ampliar suas leituras e participar ativamente na aprendizagem. Estudando é que se aprende, e é por meio do estudo que os jovens se tornam profissionais hábeis e capazes.

Portanto, você precisa adquirir um método de estudo, e isso significa descobrir a maneira mais eficiente e rápida de aprender as coisas. O ser humano é muito flexível; assim, basta que o estudante se motive a querer agir e buscar o que precisa para descobrir o lado agradável do estudo.

A metodologia auxilia e orienta o universitário no processo de investigação para tomar decisões oportunas na busca do saber e na formação do estado de espírito crítico e de hábitos correspondentes necessários ao processo de investigação científica.

Resumindo:

ESTUDO ⟶ BUSCA DE INFORMAÇÕES = ⟨ Conhecimento sistemático / Resolução de problemas

Contribuem ainda para o bom desenvolvimento intelectual do aluno algumas coordenadas próprias e fundamentais, que o fazem estudar com a disposição de observar, refletir e atuar cientificamente em qualquer campo das preocupações humanas.

São elas:
a) possuir capacidade de apreensão e de ensaio crítico;
b) dominar o objeto ou construí-lo;
c) conhecer pela metodologia da pesquisa;

d) aperfeiçoar o conhecimento pela formação e informação técnico-científica;
e) criar a partir de um conhecimento obtido;
f) participar na busca, na aplicação e na socialização dos conhecimentos obtidos.

Paralelamente ao convívio acadêmico e social tão aprazível que a vida universitária oferece, existe a necessidade de que se crie confiança na validade do estudo e de que, juntos, professores e estudantes criem um projeto definido, coerente e intencionado para uma atividade de estudo, com exigências, pesquisa e reflexão.

O uso controlado de processos metodológicos permitirá ao estudante o desenvolvimento de seu raciocínio lógico e de sua criatividade.

Por conseguinte, é fundamental conter em seu projeto de estudo e de formação certos recursos tidos como imprescindíveis ao seu crescimento, tais como: a adoção de materiais técnicos e a capacidade de domínio operacional dos mesmos, a formação de um acervo de conceitos fundamentais e informações precisas, além do domínio de técnicas baseado em um rigoroso controle de lógica.

## Objetivos da disciplina metodologia científica

Um curso de metodologia científica deve se propor a desenvolver a capacidade de observar, selecionar e organizar cientificamente os fatos da realidade.

O conteúdo programático tem de se basear no entendimento da ciência como um termo que designa fundamentalmente o trabalho de quem usa, no processo de conhecer, o princípio do controle e da verificação.

A disciplina metodologia científica, que se expressa na composição da metodologia do trabalho científico e da metodologia da pesquisa, deve ser uma matéria instrumental a serviço de uma proposta de trabalho universitário. A universidade precisa ser entendida como local crítico por excelência do projeto dessa própria comunidade universitária.

Por meio da metodologia científica cria-se ou estimula-se o desenvolvimento do espírito crítico e observador do aluno, além da disciplina nos estudos, para que ele possa ver a realidade com toda sua nudez, analisando-a e refletindo sobre ela à luz de concepções filosóficas e teóricas.

Segundo Antônio Joaquim Severino, na introdução de seu livro *Metodologia do trabalho científico* (1984), "toda atividade desenvolvida no contexto da vida de estudos universitários deve fundar-se numa disciplina lógica rigorosa". Assim, pelo estudo da metodologia científica, vão sendo apresentadas diretrizes para a formação paulatina de hábitos de estudos científicos, uma vez que a pesquisa e a reflexão são objetivos relevantes na vida universitária. A proposta daqueles que militam na universidade deve ser a de aprender, isto é, não adianta apenas transmitir uma série de informações, é preciso aprender a fazer e aprender fazendo. A leitura analítica, o estudo da documentação e a elaboração de trabalhos científicos têm de ser efetivamente praticados pelo estudante.

Dessa forma, os objetivos específicos da metodologia científica como disciplina poderiam ser identificados como:

a) análise das características essenciais que permitem distinguir ciência de outras formas de conhecer, enfatizando o método científico e não o resultado;
b) análise das condições em que o conhecimento é cientificamente construído, abordando o significado de postulados e atitudes da ciência hoje;
c) criação de oportunidades especiais para o aluno comportar-se cientificamente, levantando e formulando problemas, coletando dados para responder aos questionamentos, analisando, interpretando e comunicando resultados;
d) capacitação do aluno para que ele leia criticamente a realidade e produza conhecimentos;
e) criação de vetor de informações e referenciais para a montagem formal e substantiva de trabalhos científicos: resenhas, monografias, artigos científicos etc.;
f) fornecimento de processos facilitadores à adaptação do aluno, integrando-o à universidade, minimizando suas dificuldades e apreensões quanto às formas de estudar e, conseqüentemente, de encontrar meios de extrair o maior proveito do estudo.

Cumpridos tais objetivos, o universitário estará estimulado a romper o círculo vicioso atualmente existente no sistema educacional, estabelecendo o seu projeto de estudos, sistematizando suas atividades educacionais, pesquisas e leituras e fugindo das limitações a que às vezes um processo didático e determinadas estruturas institucionais podem condicionar.

## A universidade e a história: breves reflexões

Constata-se que a origem da universidade, em sua constituição, é de natureza confessional, voltada a atender às necessidades do feudalismo, ajustando-se, mais tarde e já a partir do Renascimento, aos anseios da burguesia, guiada então pela pesquisa empírica.

A universidade surge em uma época de transição, em que a Europa dos dogmas e do feudalismo caminha para o renascimento do conhecimento e para a racionalidade científica. Durante todo esse período, eram grandes os debates concentrados nos choques entre dogmas e heresias da Igreja. A preocupação maior estava em interpretar e esclarecer por luminares e pela revelação divina em vez de avançar no conhecimento científico.

A expressão '*universitas*' era então usada para qualquer associação legal. Contudo, em pouco tempo, passou a ter o significado que até hoje é usado. Chamamos 'universidade' uma associação de alunos e docentes que busca o avanço do conhecimento por meio de estudo livre e da associação dos estudiosos em grupo (Buarque, 1994).

Na origem da universidade está a marca da transição de uma etapa da humanidade para outra, bem como o sentido de buscar a liberdade do pensar e do agir, criando-se a partir daí um novo paradigma com base nos grandes avanços do conhecimento. Estes foram conseqüências das mudanças do modo de produção feudal para o modo de produção capitalista, em que a burguesia passa a usufruir, como patrão, da força de trabalho de camponeses e artesãos.

Nesse sentido, alteram-se as solicitações da instituição universitária, agora inserida em um conceito moderno de nação, associado a poder e riqueza. Requeria-se da universidade o acompanhamento das exigências advindas do liberalismo e da industrialização. Exemplo disso é o fechamento, depois da revolução de 1792, da Sorbonne, em Paris, em razão de sua incapacidade de responder a tais exigências.

Com a implementação da pesquisa ou da investigação científica na França, Inglaterra e Alemanha, as universidades vão se reestruturando, com respostas substanciais às reformas solicitadas para o desenvolvimento, ora mais utilitário, através do paradigma epistemológico da racionalidade e do experimentalismo, ora voltado para o conhecimento das questões socioeconômicas da sociedade, como forma de supração de seus problemas.

Pode-se concluir que a universidade, ao longo de sua história, aparece como fonte da construção da utopia de um mundo mais justo e mais igualitário em razão da sua produção científica e tecnológica. Ao fim do século XX e ingressando no ano 2000, verifica-se que, graças à universidade, o conhecimento científico e tecnológico progrediu em relevantes proporções.

Contudo, é preocupante perceber que "o descompasso entre o avanço técnico e o retrocesso utópico tem como lógica a falta de uma ética que regule o uso do conhecimento que a universidade desenvolve" (Buarque, 1994:29).

A par dos descompassos, a universidade, nessa aventura contemporânea, encontra, por meio de sua legitimação, mecanismos e estratégias de desenvolvimento que objetivam o crescimento e a formação de seus quadros de docentes pesquisadores e o aperfeiçoamento do processo de formação profissional, a fim de que se graduem profissionais qualificados e com competência.

## A universidade brasileira

Com o sentido de elucidar por que tão tardiamente surgiram os cursos superiores e também as universidades em nosso país, destacamos alguns marcos:

- em 1808, surge a Faculdade de Medicina da Bahia, resultante da evolução dos cursos de anatomia, cirurgia e medicina;
- em 1854, surgem as Faculdades de Direito de São Paulo e Recife;
- por volta de 1900, foi consolidado, no Brasil, o ensino nos moldes de escola superior;
- em 7 de setembro de 1920, é criada a Universidade Federal do Rio de Janeiro (UFRJ);
- em 1930, é formada a Universidade de Minas Gerais, reorganizada três anos depois;
- em 1934, surge a Universidade de São Paulo (USP), com a preocupação de superar o simples agrupamento de faculdades;
- até mais ou menos 1960, continuam os agrupamentos de escolas e faculdades — Darcy Ribeiro, com uma equipe de intelectuais, funda a Universidade de Brasília (UnB);
- em 1968, é promulgada a Lei nº 5.540 da Reforma Universitária — estabelecem-se os objetivos do ensino superior e decisões cujos efeitos não foram nada estimuladores com relação ao processo de transformação e mudança da universidade brasileira;
- em 1996, é sancionada a nova Lei de Diretrizes e Bases (LDB) nº 9.394 — Lei Darcy Ribeiro, que, deixando de lado os ranços que preserva, apresenta avanços incontestáveis, conduzindo o sistema educacional brasileiro a transformações significativas e agindo também na base da pesquisa e na dimensão política da educação (Demo, 1997:10-12);
- em 2004, pela Lei nº 10.861, é constituído o Sistema de Avaliação da Educação Superior (Sinaes), com o objetivo de articular, de forma coerente, processos de avaliação das instituições de educação superior, dos cursos de graduação e tecnológicos e do desempenho de estudantes (Exame Nacional de Desempenho Estudantil).

Dessa breve apresentação histórica, pode-se afirmar que, no Brasil, os primeiros sinais da instituição educacional, a universidade, apareceram como transplante ou reflexos da marca européia, modificando-se, na década de 1930, com a incorporação da idéia da universidade como "centro livre de debates das idéias" (Luchesi, 1984:38). As universidades, no caso específico do nosso país, foram criadas, necessariamente, para atuar como motor de desenvolvimento e formar as elites dirigentes. A função mais genérica de uma universidade é contribuir, pela execução de seu papel específico de instituição de ensino superior, para os requisitos de transformação da sociedade global. Complementam essa função a pesquisa, profissionalização, extensão e prestação de serviços à comunidade.

Com relação à função de extensão universitária, a universidade vem atender a sua responsabilidade social, isto é, desde que ultrapasse seus próprios domínios, para prestar serviços voltados para a melhoria da população. Nesse sentido, a universidade possui uma dívida social para com o povo: deve trabalhar para a melhoria dos padrões de saúde, educação e cultura, tratando de combinar os direitos dos indivíduos com os direitos da coletividade.

## A universidade e a metodologia científica

Conceituar 'universidade' significa indicar atributos de natureza técnico-científica e de natureza filosófica para atingir um domínio amplo e mais profundo.

Desse ponto de vista, a universidade é a expressão ideal nascente da experiência concreta, em uma prospecção de passado e em uma perspectiva de presente e futuridade. Funciona, porém, como o permanente no transitório, em relação a aprendizagem, conhecimento e pesquisa.

Dimensiona-se o conceito de 'universidade' em um quadro que expressa um significado jurídico, social, institucionalizado e/ou constituído, em torno de leis, decretos, estatutos, prédios e laboratórios. Expressa-se dinamicamente em torno de fenômenos culturais e sociais cerceados pelas forças da tradição e do futuro.

Nessa réplica, a universidade atual não pode jamais se voltar exclusivamente para a especialização, mas tem de voltar-se para a integração e difusão do conhecimento. O que haverá de unir os professores de diversas disciplinas serão os procedimentos metodológicos e os objetivos da investigação científica e nunca o fato de trabalharem todos na mesma instituição ou no mesmo prédio.

Podemos dizer que todas as grandes estruturas universitárias modernas são definidas como produto da vida de seus povos.

Quando se relaciona 'metodologia científica' e 'universidade', é necessário salientar não só o papel instrumental da disciplina em relação ao apoio que oferece ao universitário, mas também o papel ético-político quando dá ênfase à necessidade da busca do conhecimento da verdade e formação do espírito crítico do estudante para análise, reflexão e participação dos fatos sociais do meio de que faz parte.

Ao conhecer as limitações atuais de recursos de toda ordem da universidade brasileira, faz-se necessário encontrar saídas alternativas metodologicamente sistematizadas para que o aluno possa ter maior produtividade nos estudos, além de poder valer-se de instrumental simples e adequado à realização de pesquisas, trabalhos acadêmicos e científicos.

A metodologia científica estrutura-se, portanto, de forma que possa contribuir para que a universidade desenvolva as funções que lhe são impostas diante das necessidades culturais e econômicas emergentes. Dessa forma, vem para auxiliar na formação profissional do estudante. Pretende-se alcançar uma formação profissional competente, bem como uma formação sociopolítica, que conduza o aluno a ler crítica e analiticamente o seu cotidiano.

A formação profissional competente está diretamente relacionada ao crédito dado ao estudo e à elaboração de um projeto de estudo com objetivos e metas conscientemente definidos, isto é, deve estar implícita a preocupação em aprender as funções advindas da carreira profissional.

Ivan Pavlov, em sua carta aos jovens, proclama a necessidade de aprender o 'abecê' da ciência antes de tentar galgar seu cume, pois nunca devemos acreditar no que se segue sem assimilar o conteúdo anterior. Aconselha-se não dissimular a falta de conhecimento, ainda que com suposições e hipóteses audaciosas.

Considerando-se a universidade um centro de saber, uma instituição preocupada com a qualificação do ensino, com o rigor da aprendizagem e com o progresso da ciência, ela terá na metodologia um valioso ajudante quanto ao desenvolvimento de capacidades e habilidades do universitário. A disciplina vem, portanto, fornecer os pressupostos do trabalho científico, ou seja, normas técnicas e métodos reconhecidos pelo uso entre cientistas, referentes ao planejamento da investigação científica, à estrutura e aplicação e à apresentação e comunicação dos seus resultados.

A universidade construída dentro desse paradigma acabará por apresentar-se como um ambiente agradável, em que o ensino é um aspecto envolvente, motivador, em uma instituição que representa um espaço coletivo de trabalho articulado pela interdisciplinaridade mais do que pelo rendimento de disciplinas isoladas em si mesmas e por ordens que surgem de cima para baixo, exigindo de estudantes e professores desempenhos obsessivos e avaliações fatais.

Como afirma Demo (1996), é necessário ter uma nova noção de aluno na universidade, isto é, não mais como alguém subalterno e ignorante que busca somente ensinamentos para fazer as avaliações e passar de ano. Aprendendo a pensar, a pesquisar e a formar seu espírito científico, o universitário obterá conhecimentos novos e, ao mesmo tempo, se construirá como ser ativo e participante da história.

## A crise da universidade

Por 'estrutura universitária' deve-se entender o conjunto e a integração dos órgãos e procedimentos por meio dos quais as universidades desempenham suas funções. Os órgãos, como institutos, escolas e faculdades, conselhos, decanatos, secretarias e reitorado, são unidos a diversos procedimentos administrativos, burocráticos e funcionais que os movimentam e articulam. Exemplo disso são os processos de matrículas, aulas, carreiras universitárias, currículos e papéis reciprocamente ajustados de estudantes, professores e funcionários técnico-administrativos.

Hoje, sabe-se que as nossas universidades defrontam com crises caracterizadas como conjuntural, política, estrutural, intelectual e ideológica.

É conjuntural pois deriva em grande parte do conflito e impacto das forças transformadoras da sociedade que transitam de uma civilização científica e tecnológica. A crise é política no sentido de que as universidades se vêem condicionadas a duas expectativas antagônicas e muitas vezes radicais: as conservadoras, e as renovadoras, ou até revolucionárias. É também estrutural porque os problemas que as afetam e que elas apresentam não podem ser resolvidos dentro de seu âmbito ou quadro institucional, mas exigem reformas profundas que as capacitem a atender a toda a demanda das aspirações educacionais da população.

Finalmente, os conteúdos intelectuais e ideológicos da crise universitária são representados pelo desafio de conhecer melhor a própria universidade, a fim de contribuir para que a instituição se constitua em motor de mudança ou de defesa da ordem já estabelecida na sociedade global.

Após a promulgação da Constituição Federal de 1988, que manteve a atribuição privativa da União de legislar sobre as diretrizes e bases da educação nacional, iniciou-se um novo processo de reforma educacional.

A Lei nº 9.394, já referida anteriormente, aprovada e assinada pelo presidente da República em 20 de dezembro de 1996, dispõe sobre a preferência dos professores na eleição dos integrantes dos órgãos colegiados, responsáveis pela escolha dos dirigentes universitários. Possibilita a criação de universidades especializadas por área (saúde, ciências agrárias e engenharia), torna obrigatório o concurso para o exercício do magistério e cria cursos seqüenciais com currículos flexíveis que podem se adequar às exigências do mercado. Além disso, questiona o vestibular, propondo um repensar sobre a admissão e seleção de alunos, entre outras normatizações.

A nova LDB permite repensar toda a estrutura e o funcionamento das universidades.

Deve-se ainda, neste item, ressaltar que o atual processo acelerado de globalização mundial condiciona uma série de enfrentamentos para a universidade brasileira. Esta necessita se preparar para ingressar na realidade mundial através das poderosas redes de informatização. Os currículos precisam ser revistos e redimensionados em vista das rápidas transformações da realidade social e dos mercados de trabalho.

Com a modernização, a presença de elementos importantes surgiu a fim de facilitar e, ao mesmo tempo, contestar o funcionamento da universidade e de seus produtos, em nível nacional e/ou internacional. A informática, por exemplo, pode significar um avanço tecnológico de grande valor para garantir um processo de desenvolvimento da universidade, como também servir de meio de ampliação das condições de controle sobre seus componentes.

A Constituição Federal de 1988 instituiu ainda como obrigatório o processo de avaliação institucional das universidades públicas com o objetivo maior de avaliar o seu papel na formação dos graduandos, bem como constatar o nível de qualidade do processo ensino–aprendizagem e de seus custos. Entram também nessa avaliação as demais funções da universidade: pesquisa e extensão de serviços.

Como já mencionado, a institucionalização do Sinaes, pela Lei nº 10.861, de 14 de abril de 2004, tem por finalidade a melhoria da qualidade da educação superior, cabendo ao governo federal promover a avaliação de instituições, cursos e do desempenho dos alunos, bem como regular com maior fiscalização o funcionamento do sistema educacional globalmente.

Esse é um dos maiores desafios que a universidade brasileira tem a enfrentar nos nossos dias, uma vez que um processo sério e responsável de avaliação significa desvelar por inteiro, intra e extramuros, suas corporações, atravancamentos e embates, além de interesses políticos e corporativos. Continuar a encobrir essas dificuldades significa fortalecer a mediocridade e o perigo da falência generalizada do processo educacional do país.

## O universitário e a iniciação científica

Como se observa, o objetivo dessas orientações é fornecer instrumentos para que o universitário possa desenvolver sua vida científica, sem ficar escravo das limitações do processo didático ou das estruturas das instituições de ensino.

Sabemos que entre os universitários encontram-se os mais diversos tipos de estudante: os que almejam o preparo técnico para a luta pela vida, em que sobrevive o mais forte, o mais capaz; os que aspiram a uma educação básica para ter uma visão mais profunda dos problemas humanos; aqueles que chegam à procura de um melhor *status* social; e aqueles que buscam um passatempo ou tentam 'pescar' um diploma.

Espera-se, porém, que o aprendizado no curso superior seja meta e veículo de domínio da pesquisa, da ciência, da profissionalização consciente, da realização pessoal e do aprimoramento intelectual e político do cidadão. Enfim, que seja o preparo para servir a comunidade e a sociedade e participar dela em suas categorias políticas, sociais, culturais e administrativas.

Essa participação só é possível na medida em que a universidade assente o seu processo didático e pedagógico no tripé 'ensino, pesquisa e aprendizagem', situado em uma dialética capaz de dinamizar o conhecimento refletido e uma práxis não só repetitiva mas também criativa acerca da realidade.

Assim, a investigação científica se transforma na principal expressão da identidade universitária, quando os esforços e os estímulos propiciarão o desencadeamento de processos de conhecimento da realidade social.

O acadêmico pode, a partir do segundo ano de seu curso de graduação, participar de projetos de pesquisa científica desenvolvidos por docentes ou sob sua orientação. Essa atividade é conhecida como 'iniciação científica'. Órgãos e agências estaduais e federais no país financiam esse tipo de bolsa.

A iniciação científica é comumente realizada nas universidades através de Programas Institucionais de Bolsas de Iniciação Científica (Pibic), que possuem cotas institucionais de bolsas de órgãos como o Conselho Nacional de Desenvolvimento Científico e Tecnológico (CNPq) e Fundações de Amparo à Pesquisa dos Estados (Fapes).

No caso das instituições particulares de educação superior, deve haver o desempenho dos seus mantenedores de incentivo à iniciação científica, com bolsas oferecidas pela própria instituição, e também existir o estímulo ao docente doutor em realizar projetos de pesquisa científica com a participação dos alunos da graduação.

Para a iniciação científica, o estudante deve se aprimorar com relação ao estudo do processo da pesquisa científica na sua área de interesse. Nessa fase, necessita de noção preliminar e/ou primária sobre a metodologia da pesquisa e vontade para a investigação orientada por uma criticidade na observação e compreensão da realidade.

O aprendizado do processo de pesquisa se desenvolve à medida que o acadêmico vai se exercitando, analisando e avaliando as suas conquistas em cada estudo. Com essa proposta de realização como sujeito de sua própria história, o aluno estará motivado a iniciar a sua formação científica, buscando meios adequados para aprender os conhecimentos já existentes, bem como para produzi-los e comunicá-los a todos, provocando a reflexão, o debate e o seu envolvimento no progresso da cultura e da ciência. O estudante precisa então preocupar-se em desenvolver gradativamente o seu espírito científico. A leitura crítica do cotidiano, o uso sistemático de técnicas de pesquisa, a documentação, a tentativa constante de relação entre a teoria aprendida e a prática constituem-se em elementos importantes na formação do espírito científico.

## A divisão da metodologia

Para dividir a metodologia, é importante considerar três aspectos:
a) a metodologia científica relacionada com o modo de conhecer;
b) a metodologia relacionada com o modo de planejar e agir;
c) a metodologia relacionada com o modo de fazer ou *know-how*.

É importante saber que, para conhecer, precisamos planejar, destacando a forma de utilização do método científico para o conhecer e para o agir.

'Planejar' significa elaborar um plano sobre o que deve ser feito, medido ou avaliado, saber quais as questões que devem ser analisadas e a maneira de conduzir a pesquisa em seus variados aspectos, considerando as teorias, hipóteses, variáveis, recurso de pessoal, de equipamentos e assim por diante.

Tradicionalmente, a metodologia científica orientava a construção da pesquisa teórica e prática. A parte teórica abordaria o problema da natureza do conhecimento e do método científico, que estariam referenciando e direcionando modelos analíticos de explicação da realidade em questão. A parte prática compreenderia a produção científica referente a técnicas e métodos operacionais necessários para o estudo e compreensão da realidade ou do objeto de análise.

Convém ressaltar que é pouco recomendável estabelecer a cisão entre teoria e prática, a qual é conseqüência da concepção positivista do conhecimento, em que é colocada, de um lado, a ciência e, de outro, ou como seu segmento, a técnica. Em um ângulo dialético, não basta apenas inovar em teoria, desenvolvendo-se somente o espírito crítico, mas é fundamental a competência articulada à capacidade de intervenção.

Por conseguinte, é possível dimensionar a divisão da metodologia em três aspectos interconectados, ou seja, o epistemológico, o lógico e o técnico, elementos necessários à construção da ciência:
a) epistemológico: refere-se ao estudo das questões que se podem levantar na procura da verdade, discussão dos limites, alcance e valor dos métodos científicos (estudo crítico dos métodos científicos);
b) lógico: supõe a organização lógica do raciocínio na prática da investigação e da ação científica;
c) técnico: é o uso das técnicas e dos procedimentos específicos utilizados em contextos particulares das pesquisas temáticas problematizadas nas diferentes ciências.

Podemos destacar que os objetivos da metodologia consistem em analisar e avaliar as características dos vários métodos disponíveis, observando suas limitações ou as implicações de sua utilização. Nesse sentido, ela é uma disciplina que nos remete à avaliação crítica de técnicas e procedimentos na condução de pesquisas. Dessa forma, a metodologia nos conduz a conhecer os caminhos do processo científico, problematizando criticamente os limites da ciência com relação à capacidade de conhecer e de intervir na realidade.

# CAPÍTULO 2

# Métodos e estratégias de estudo e aprendizagem

## Considerações gerais

Um dos objetivos da aprendizagem é circunscrever e descrever o resultado da instrução, ou seja, a conseqüência do conteúdo que o aluno aprende, além de situar o que o universitário será capaz de fazer com aquilo que aprendeu. É traçar resultados adequados às expectativas que são produzidas em uma unidade de instrução e de conteúdo desenvolvido.

Nossa intenção, na presente abordagem, é fixar o princípio de que o ato de aprender depende de um processo que situa o aprendiz em relação ao professor e ao sistema institucional. Ao aluno compete o ato de estudar, estar regularmente em aula, aprender a dominar conceitos, definições e termos etc. Ao docente compete liderar o planejamento da instrução, propor critérios de avaliação e selecionar objetivos que possam ser alcançados pelo estudante dentro do tempo disponível. Ao contexto institucional correspondem as funções da universidade que giram em torno de um núcleo composto dos fatores: ensino, pesquisa e extensão.

O Sistema Nacional de Pós-Graduação (SNPG) assim define as funções da universidade: formar professores, formar pesquisadores para o trabalho científico e preparar profissionais do mais elevado nível, com o objetivo de tornar as universidades verdadeiros centros de atividades criativas permanentes. Em síntese, a interação de atividades desenvolvidas em um curso superior à base de contatos significativos estabelecidos entre docentes e discentes tem uma expressão terminal, que é o produto da vida sociocultural e política de um povo. Dessa forma, o ensino superior deve espelhar o desenvolvimento social global, contendo funções genéricas e específicas. As funções genéricas asseguram a liberdade e a autonomia cultural próprias à investigação, à pesquisa, aos questionamentos e à solução de problemas que garantem a autoidentificação e a autodeterminação social e política dos grupos sociais. As funções específicas da instituição universitária se estabelecem dispondo de recursos técnicos e humanos capazes de garantir o processo de investigação que amplia o conhecimento por meio da pesquisa e da sua difusão pelo ensino.

O professor encaminha e sistematiza recursos de aprendizagem advindos de sua experiência, e o aluno estuda e desenvolve o programa de aprendizagem, individual ou em grupo, assumindo a responsabilidade pelos seus resultados sob a ação do professor que objetiva facilitar e orientar o processo.

Essa é a tônica da descoberta que se dá através da investigação e da pesquisa acadêmica, a qual é traduzida como "ensinar pesquisando e pesquisar aprendendo". Ela fortalece a inteligência e constrói a razão científica, mediante uma proposta definida do estudante em estudar e fazê-lo participativamente.

O aluno deve encarar a situação de estudante como uma situação profissional em que o aprendiz é o agente de seu aprendizado e de sua formação para qualquer que seja o eixo escolhido: ensino, pesquisa ou o exercício da profissão.

Saber o que é estudar e aprender a estudar é uma disponibilidade responsável e intencional do estudante. Este assume a sua própria forma de estudar por meio de reflexões pessoais que o orientam a ter acesso a formas mais eficientes de apreensão. Assim, o estudante melhora os seus hábitos escolares, dominando técnicas e métodos concernentes aos objetivos da aprendizagem e da vida escolar acadêmica.

## Estudar: conceitos e definições

Retornando à temática do estudo, consideramos importante enfatizar que estudar é um processo investigatório do qual resultam a aprendizagem e os modos de conhecimento, que se movimentam em obtenção de informes e conclusões que vão do dado quantitativo ao qualitativo.

Estudar é uma das formas facilitadoras do desenvolvimento do potencial próprio dos elementos cognitivos do ser humano — a sua inteligência — e daqueles aspectos vitais à formação necessária e própria do mundo das relações socioculturais, como disciplina, autoconfiança, prudência, descoberta, domínio, autodomínio etc.

Em um plano mais prático, estudar é um esforço integral de aprender e que 'você' deve praticar para conseguir o que provavelmente deseja.

Nos primeiros estágios da vida universitária, o estudante quase sempre traz consigo juízos, valores, idéias e conceitos admitidos pelo senso comum. A sua expressão conceitual é um mosaico mal situado por crenças várias, atitudes e expectativas imediatistas que ele compartilha até então com o seu grupo e a sua comunidade de referência. A sua linguagem é comum à herança sociocultural própria do cotidiano.

Essa é a estrutura do estudante brasileiro que inicia a vida universitária e vai ser, a partir de então, estimulado e induzido às novas observações e interpretações fenomenais, cujo êxito dependerá dos motivos, da atenção e da reflexão que ele assume e que o conduzem 'a' e a 'como' estudar.

Com relação ao curso superior, estudar é um ato consciente e volitivo 'determinado'. Volta-se para o conhecimento e para a ação, que supõem passagens gradativas de conceitos frouxos, no início, para um quadro de elaboração e de formulação de juízos mais adequados, sistematizados e comunicáveis de áreas básicas ou específicas de sua formação.

A decisão de estudar em um curso superior exige do estudante uma postura que vai além da mera freqüência às aulas para ser mais ou menos bem-sucedido em provas e testes. Solicita do aluno valores envolvidos no plano de realização de sua aspiração de aprender os elementos da ciência e da profissão. A aptidão para passar nos exames é habilidade útil que se relaciona com o treinamento profissional e tem sido sempre destacada, embora sejam de maior relevância o desenvolvimento da originalidade de pensamento e a curiosidade científica. Nesse caso, esclarece-se que, na maioria das vezes, o nosso próprio sistema educacional, ainda caótico, está preocupado em valorizar o esquema de nota. O universitário tem de estar ciente de que os objetivos de seu curso superior referem-se à instrumentalização para o trabalho científico; à aquisição de competência e método para empreender pesquisas e solucionar problemas; ao domínio de métodos mais eficientes e adequados à natureza dos trabalhos teóricos ou práticos; à disposição em aprender; à disposição de ler e analisar textos e obras considerados específicos e gerais; à obtenção de bons resultados em seus empreendimentos acadêmicos de maneira inteligente e, tanto quanto possível, original; e ao aprender a pensar e a planejar as atividades de aprendizagem através de métodos ou técnicas de estudo.

Em cada curso e em cada disciplina, o aluno precisa saber o que está estudando e para que o está fazendo. É imprescindível que o estudante detecte os objetivos mediatos e imediatos de cada disciplina, comparando-os com as motivações e os motivos formativos e informativos que o dirigiram e o estão mantendo dentro de determinada área do saber.

Torna-se relevante que o estudante se auto-avalie ao se candidatar e ao freqüentar um curso ou um complexo de disciplinas, lembrando que ele jamais poderá estar motivado por coisa alguma se não souber o porquê disso e aonde o envolvimento e a dedicação ao estudo o conduzirão.

Para o aluno definir o objetivo de seu curso e das disciplinas que o integram cumulativamente como obrigatórias e/ou optativas, é necessário conhecer o projeto pedagógico definido para esse curso. Posteriormente, devem-se relacionar conceitos e termos, bem como associar idéias que, se inicialmente aparecem como esparsas, na verdade são adequadas a composições significantes e sistemáticas.

O projeto pedagógico precisa relacionar objetivo e objeto de curso e de disciplinas de formação geral e específica, retratando o perfil de cada área e subárea de conhecimento necessárias ao desenvolvimento do profissional que se quer formar.

Toda instituição de educação superior, seja universidade, seja centro universitário, seja faculdade, deve ter um projeto pedagógico institucional que traduza as diretrizes filosóficas que irão dar respaldo à elaboração dos planos dos cursos. Estes, além de atender às diretrizes curriculares estabelecidas por lei, deverão ainda traduzir missão e objetivos institucionais

Com relação ainda a objetivos e ao objeto de trabalho, o estudante precisa estar cônscio de que algumas matérias são naturalmente mais próximas de suas expectativas ou de sua aptidão para o conhecimento.

Os objetivos dos alunos no processo de formação são ameaçados quando:
a) o indivíduo quer estudar, mas não aprecia a atividade e não se dedica a fazê-lo porque fracassa continuamente;
b) o estudante propõe-se a estudar, mas não entende o que se ministra nas aulas porque não tem base e/ou não tem maturidade e prontidão;
c) não se estabelece um relacionamento construtivo e de compreensão das limitações apresentadas pelo confronto aluno *versus* professor;
d) o aluno não gosta da matéria e o professor lhe parece pouco simpático;
e) o aluno considera que a matéria ministrada nada tem a ver com o que pretende adquirir como informação profissional.

Para resolver tais questões, algumas medidas imediatas são instrutivas:
a) procure achar uma boa razão que justifique o seu ingresso no curso que freqüenta; lembre-se sempre de que o saber depende do aprender e que este está subordinado ao modo de estudar. Tenha em mente que você, sendo um bom aluno, terá melhor desempenho e, por conseguinte, precisará estudar menos, mas estudar corretamente. Comece a estudar as coisas mais agradáveis e depois as coisas menos agradáveis. Você vencerá o limite de "não gostar de estudar". Com isso, você está cumprindo um dos objetivos do ato de estudar;
b) se você quer estudar, precisa estar pronto e disposto a vencer as suas limitações. Não pode pensar que não há mais nada a fazer quanto ao bom desempenho escolar. Construtivamente, você precisa repensar com seriedade sobre alguns fatores:
- quais foram, até o momento presente, as suas decisões diante do ato de estudar para aprender?

- manteve-se sempre organizado ou distraído diante do ato de estudar?
- estudou habitualmente?
c) o mundo não é uma redoma que contém apenas os elementos positivos de convivência social. Pelo contrário, a vida é uma escola em que o indivíduo precisa aprender a conviver com o agradável e o desagradável, sem ferir o seu sentido vital de realização. Uma disciplina se tornará, assim, agradável de ser estudada, independentemente da figura do professor;
d) o processo de aprendizagem constitui-se em uma relação entre sujeito e objeto de análise ou de estudo, exigindo do estudante uma postura responsável e participativa.

A eficiência no estudo depende do método utilizado adequadamente, mas o êxito depende de quem o aplica e de como ele é aplicado, atendendo às peculiaridades de cada estudante, tais como nível mental, competência escolar, motivação e disponibilidade para estudar. Compreendendo as diferenças individuais que movem as pessoas na procura ou na vontade de saber, podem-se considerar algumas orientações gerais que dirigem os passos dos universitários para a organização de sua vida de estudo. São elas:

1. Planejamento do tempo para o desempenho das atividades escolares: sem tempo adequado destinado às atividades escolares e de estudo, método algum é suficientemente propício à aprendizagem. Diariamente é necessário destinar um horário para o trabalho de pesquisa e aprendizado.

    Porém, ouvem-se com freqüência, de muitos alunos, argumentações relativas à falta de tempo para estudar, devido ao acúmulo de funções que eles precisam desempenhar para garantir suas exigências e aspirações de vida.

    Neste mundo tão atribulado, ao planejar a vida estudantil, tem-se de distinguir atividades essenciais de atividades não essenciais. Na elaboração e distribuição de seu tempo, faça-o por escrito, monitore a sua agenda para que seja propícia à execução do trabalho proposto.

    O seu planejamento de trabalho será inócuo se você não organizar o seu material, o instrumental adequado, o qual deverá estar situado e disposto em um espaço tranqüilo, silencioso e privativo. Atente para o fato de que, para você estudar proveitosamente, as condições ambientais podem servir como estímulo. Arranje o seu "canto" para estudo.

2. Preparação e aproveitamento das aulas: o tempo em que o aluno assiste às aulas é vital e precioso. Esse tempo deve ser aproveitado intensamente pelo aluno que está interessado em obter conhecimentos. Para isso ele deve:
    a) manter-se em silêncio, sobretudo em silêncio interior;
    b) aguçar a atenção, esforçando-se para reter as informações, mediante o exercício da compreensão e reflexão;

c) ter uma postura participativa na sala de aula, anotando os dados relevantes e as idéias centrais das temáticas da aula — essa postura se dá pelo diálogo e questionamento das dúvidas, premissas e inserções colocadas pelo professor —, pois o conteúdo desenvolvido em classe é a orientação inicial, o ponto de partida para o estudante envolver-se em um processo de aprendizagem;

d) preparar anteriormente o assunto da aula a que se vai assistir. Isso o conduzirá a manifestações críticas no recinto escolar, ao relacionamento entre o que já sabe e as informações novas, e também à elaboração de conclusões lógicas feitas sobre as discussões e exposições realizadas.

## Estudar em casa

O estudo em casa é o momento propício para:
a) repensar sobre os tópicos desenvolvidos em aula;
b) ler, reler e compreender detalhes significativos que em aula não foram suscitados ou bem destacados;
c) memorizar os conceitos imprescindíveis à compreensão da matéria;
d) complementar o conteúdo de aula com o que já se conhece e com pesquisas complementares;
e) decodificar termos e vocábulos técnicos inseridos nos textos que dificultam a sua análise;
f) rever, organizar e/ou reorganizar os apontamentos feitos durante as aulas;
g) fazer leituras de textos complementares;
h) fazer exercícios de fixação.

Resumindo, o estudante interessado, em nível acadêmico, propõe-se a:
a) preparar-se para as aulas;
b) participar ativamente das aulas;
c) rever as aulas e complementá-las com leituras, pesquisas e exercícios.

Sobre qualquer assunto a ser estudado, o aluno deve:
a) proceder a análises gerais;
b) detectar temáticas;
c) formular problemas;
d) concluir questões;
e) avaliar, criticar e concluir.

# Procedimentos de estudo

## Seminários

O seminário é um procedimento metodológico que supõe o uso de técnicas (uma dinâmica de grupo) para o estudo e a pesquisa em grupo sobre um assunto predeterminado. Esse procedimento pode assumir diversas formas, mas o objetivo é um só: leitura, análise e interpretação de textos e dados sobre apresentação de fenômenos vistos sob o ângulo das expressões científicas, analíticas, reflexivas e críticas. O seminário deve possuir sempre uma proposta metódica, visando a estabelecer um processo de ensino–aprendizagem eficaz, com bons resultados em termos de entendimento e interpretação de temáticas.

Ele pode ser apresentado sob a forma de mesa-redonda. Todavia, para isso é necessário que todos os participantes estejam bem preparados sobre o assunto.

De qualquer maneira, um grupo que se propõe a desenvolver um seminário precisa estar ciente da necessidade de cumprir alguns passos:

a) determinar um problema a ser trabalhado;
b) definir a origem do problema e da hipótese;
c) estabelecer o tema;
d) compreender e explicitar o tema-problema;
e) dedicar-se à elaboração de um plano de investigação;
f) definir fontes bibliográficas, observando alguns critérios;
g) providenciar documentação e crítica bibliográfica;
h) realizar a pesquisa;
i) elaborar um texto-roteiro didático, bibliográfico ou interpretativo.

Para a montagem e realização de um seminário, há um procedimento básico:

1. O professor ou o coordenador geral fornece aos participantes um texto-roteiro ou adota um tema de estudo que deve ser lido antes por todos, a fim de possibilitar a reflexão e a discussão.
2. Procede-se à leitura e à discussão do texto-roteiro em pequenos grupos. Cada grupo terá um coordenador, para manter a sistemática de discussão, e um relator, para anotar as conclusões particulares a que o grupo chegar.
3. Um dos grupos é designado para:
    a) fazer a exposição temática do assunto, valendo-se das mais variadas estratégias: exposição oral, slides (multimídia), cartazes, filmes etc. — trata-se de uma visão global do assunto e, ao mesmo tempo, de um aprofundamento do tema em estudo;

b) contextualizar o tema ou unidade de estudo na obra de que foi retirado o texto ou pensamento, além de falar sobre o contexto histórico, filosófico e cultural do autor;
c) apresentar os principais conceitos, idéias e doutrinas, além dos momentos lógicos essenciais do texto (temática resumida, valendo-se também de outras fontes e do texto em estudo);
d) levantar os problemas sugeridos pelo texto e apresentá-los para discussão;
e) fornecer bibliografia especializada sobre o assunto e, se possível, comentá-la.

4. Forma-se um plenário, com a apresentação das conclusões dos grupos restantes. Por meio de seu secretário ou relator, cada grupo apresenta as suas conclusões.

O coordenador geral ou o professor faz a avaliação sobre o trabalho dos grupos, especialmente daquele que atuou na apresentação, bem como uma síntese das conclusões.

Outros métodos e técnicas de desenvolvimento de um seminário podem ser acatados, desde que seja respeitado o plano de prontidão para a aprendizagem.

Finalizando, apontamos que todo tema de um seminário precisa conter, em termos de roteiro, as seguintes partes:
- introdução ao tema;
- desenvolvimento;
- conclusão.

Os seminários são instrumentos valiosos para dinamizar o processo de aprendizagem, desde que não sejam vistos como a única alternativa didático-pedagógica.

## Resumo, esquema, resenha e sinóptico

### Resumo

É a condensação do texto; é o ato de condensar idéias principais ou centrais. Isso porque o resumo põe a comunicação expressa em linguagem corrente e reduzida, seja ela narrativa, descritiva ou dissertativa.

Para realizar um resumo, é necessário que o aluno tenha feito a leitura analítica, conseguindo posteriormente proceder a uma síntese do texto. Essa síntese poderá ser feita com as palavras do autor ou com as do leitor, sem, contudo, ferir a mensagem do escritor.

Características do resumo:
1. Não resumir antes de levantar o esquema e preparar as anotações de leitura.
2. Ao redigir um resumo, use frases breves, objetivas, acrescentando as referências bibliográficas e observações de caráter pessoal se necessário.
3. O resumo compõe-se das seguintes fases:
   - ler e reler o texto, procurando entendê-lo a fundo;
   - procurar a idéia-tópico de cada parágrafo;
   - relacionar e ordenar as idéias de cada parágrafo;
   - escrever a síntese, formando frases com todas as idéias principais;
   - confrontar a síntese com o original para que nada de importante seja omitido;
   - redigir, finalmente, com bom estilo e com as próprias palavras.

Em torno da proposta de estudar corretamente um texto, de elaborar um esquema ou um resumo, é necessário que o estudante saiba levantar seus elementos relevantes e indispensáveis à aprendizagem.

## Esquema

Reduz-se à enumeração dos elementos que fazem parte de uma coluna textual.

O esquema pode ser expresso através de idéias centrais do texto; é a representação gráfica do que se leu. Ele pode ser feito com chaves e listagem numérica, por exemplo: itens I, II, III, IV etc. Sua elaboração pressupõe a compreensão das relações entre as partes; sem ela, não é possível esquematizar.

Características do esquema:
1. Fidelidade ao original.
2. Estrutura lógica.
3. Flexibilidade e funcionalidade (em uma só olhada, pode-se ter a idéia clara do conteúdo).

## Resenha

É uma síntese geral, informativa e avaliativa sobre livros, capítulos ou artigos das mais diferentes áreas do conhecimento, que serve, por conseguinte, para orientar as opções e o interesse do leitor em questão.

## Sinóptico

É a colocação do texto entre chaves.

Eis exemplos de resumo, resenha, esquema e sinóptico, a partir do seguinte texto:

> Durante toda a sua carreira como psicólogo, Maslow interessou-se profundamente pelo estudo do crescimento e desenvolvimento pessoais e pelo uso da psicologia como um instrumento de promoção do bem-estar social e psicológico. Insistiu que uma teoria da personalidade precisa e viável deveria incluir não somente as profundezas, mas também os pontos que cada indivíduo é capaz de atingir. Maslow é um dos fundadores da teoria humanista.
>
> Forneceu considerável incentivo teórico e prático para os fundamentos de uma alternativa para o behaviorismo e a psicanálise, correntes estas que tendem a ignorar ou deixar de explicar a criatividade, o amor, o altruísmo e os grandes feitos culturais, sociais e individuais da humanidade.
>
> Maslow estava principalmente interessado em explorar novas saídas, novos campos. Seu trabalho é mais uma coleção de pensamentos, opiniões e hipóteses do que um sistema teórico plenamente desenvolvido. Sua abordagem em psicologia pode ser resumida pela frase de introdução de seu livro mais influente, *Introdução à psicologia do ser*: 'Está surgindo agora no horizonte uma nova concepção da doença humana e saúde humana, uma psicologia que acho tão emocionante e tão cheia de maravilhosas possibilidades que cedi à tentação de apresentá-la publicamente mesmo antes de ser verificada e confirmada e antes de poder ser denominada conhecimento científico idôneo.' (Maslow, 1968:27) (Fadiman et alii, 1979:280)

**Resumo:**

Maslow sempre se interessou pelo estudo do crescimento e desenvolvimento pessoais e pelo uso da psicologia como um instrumento de promoção do bem-estar social e psicológico. Forneceu incentivo para os fundamentos de uma alternativa para o behaviorismo e a psicanálise, correntes estas que deixam de explicar a criatividade, o amor, o altruísmo e outros grandes feitos culturais da humanidade. É um dos fundadores da teoria humanista.

**Resenha:**

Obra: *Teorias da personalidade*.
Autor: Fadiman et alii, in Capítulo 9.
"Abraham Maslow e a psicologia da auto-atualização", p. 280, SP: Harper, 1979.

Trata-se de um capítulo que interessa a todos os estudantes que desejam conhecer os dados biográficos do autor, como a sua metodologia fundada no humanismo e no crédito de que o ser humano não é tão mau como se pensa.

Demonstra interesse pela antropologia social, focando-se no trabalho dos antropólogos sociais, como Malinowsky, Mead, Benedict e Linton.

Interessou-se pela *gestalt* e pela teoria e conceitos de auto-atualização.

Lidando com questões ligadas a valores, amor de deficiência e do ser, bem como à psicologia transpessoal, afirma que: "Sem o transcendente e o transpessoal, ficamos doentes, violentos e niilistas ou então vazios de esperança e apáticos" (Maslow, 1968:12).

**Esquema:**
1. Maslow interessou-se profundamente pelo estudo do crescimento e desenvolvimento pessoais.
2. Como psicólogo, viu nessa disciplina um instrumento de promoção do bem-estar social e psicológico.
3. Incentivou teórica e praticamente os fundamentos de uma alternativa para o behaviorismo e a psicanálise, que tendem a deixar de explicar a criatividade, o amor, o altruísmo e os grandes feitos culturais, sociais e individuais da humanidade.

**Sinóptico:**

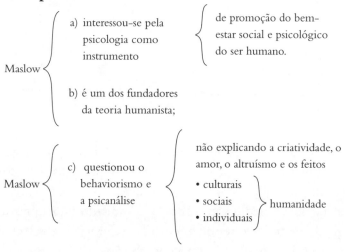

É bom lembrar que tanto resumos, resenhas e esquemas quanto sinópticos devem fazer constar as informações da autoria e ser colocados em fichamentos devidamente catalogados, para facilitar a sua localização e o seu manuseio.

## A técnica de sublinhar

Sem pesquisar nem fazer perguntas, o aluno acaba por ler um texto desordenadamente e por sublinhar as palavras que mais aparecem sem ordem nem método, comprometendo o ato de estudar.

O plano adequado para sublinhar é este:
1. Examine o capítulo.
2. Formule a si mesmo perguntas sobre ele e tente respondê-las à medida que vai lendo. Nessa primeira leitura, será preferível não sublinhar.
3. À medida que responder às perguntas ou for localizando as idéias mestras e pormenores significativos, ponha um sinal à margem das linhas aparentemente importantes ('X', '!', 'O' etc.).
4. Na releitura, procure as idéias mestras, pormenores e termos técnicos. Essas são as palavras que precisam ser sublinhadas.
5. Sublinhe apenas determinadas palavras e frases que considere essenciais. Ao voltar mais tarde para o trabalho de revisão, o estudante poderá ler apenas as palavras sublinhadas e compreender prontamente as idéias, os pormenores importantes e as definições. Em média, seis palavras por parágrafo serão suficientes.

Se você seguir essas regras, não sublinhará tanto nem tão desnecessariamente como fazem muitos estudantes. Livro demasiadamente sublinhado é difícil de ser lido e torna-se confuso.

A proposta de estudar sublinhando, através de análise de textos, é importante para o estudante conseguir separar as idéias principais (mensagens do autor) das idéias secundárias (explicações e reforço de suas mensagens).

## Pesquisa bibliográfica

É relevante deixar claro que os trabalhos e comunicações realizados por alguns que se encontram em fase universitária são, na sua maioria, de natureza formativa, concebidos a partir de informações bibliográficas.

Acresce-se que mesmo trabalhos inéditos exigem do pesquisador, qualquer que seja essa ou aquela tipologia de pesquisa, o levantamento e a seleção de uma bibliografia concernente, pré-requisito indispensável para a construção e demonstração das características de um objeto de estudo.

Nesse sentido, o aluno que deseja adquirir uma postura científica referente aos temas programáticos sugeridos pelos seus professores não deverá abster-se da elaboração de um projeto de sua investigação, cujas fases são as seguintes:

### Fase inicial

a) Elaboração do plano de atividade (previsão geral e inicial — cronograma);
b) seleção e escolha do tema ou assunto;
c) delimitação do tema-problema (aspectos e ângulos estipulados para a abordagem);

d) formulação de objetivos do trabalho e do tema;
e) montagem da hipótese básica de trabalho;
f) metodologia a ser adotada;
g) levantamento bibliográfico;
h) seleção da bibliografia.

## Fase média

a) Leitura e documentação das obras selecionadas;
b) organização e classificação do material coletado;
c) análise, interpretação e reflexão dos dados coletados;
d) redação provisória de cada capítulo, com notas e citações.

## Fase final

a) Correção e elaboração definitiva do texto;
b) elaboração da conclusão;
c) elaboração da introdução;
d) bibliografia, anexos, apêndice;
e) título do trabalho;
f) revisão final e digitação;
g) apresentação.

Torna-se ainda necessário discorrer com mais atenção sobre as atividades que compõem cada fase acima indicada, apesar de elas serem retomadas neste livro, pela sua importância nos processos investigativos, para complementação, em termos teóricos e de exemplificação prática no Capítulo 6, quando abordamos a pesquisa e a iniciação científica.

1. Plano de trabalho: consiste em dispor o assunto em partes significativas, que servirão de guia para a investigação e a redação, bem como para a disposição de assuntos e atividades.
2. Escolha do tema-problema: em um trabalho de pesquisa acadêmica ou bibliográfica, na maioria das vezes o assunto é proposto pelo professor, cabendo ao aluno elaborar os outros momentos.

   Em cursos de pós-graduação, os estudantes escolhem o tema segundo suas preferências e aptidões. Porém, ao estudante de graduação, é necessário traçar um plano de pesquisa observando a disponibilidade de tempo e de recursos materiais e humanos que tem para concretizá-lo.

O problema é sempre uma dificuldade, dúvida ou questão a ser solucionada à base de investigação teórica ou prática, experimental ou lógica. É sempre enunciado interrogativamente e a sua expressão depende da criatividade do estudante pesquisador que deseja aprender. O problema é a bússola que orienta o caminho para o investigador atingir a sua meta.

3. Delimitação temática: trata-se de definir elementos particulares que serão abordados no trabalho em pauta, dispensando a realidade geral, embora esta seja a área de opção do assunto.

4. Formulação dos objetivos: indicar o que se quer alcançar com a elaboração do trabalho, 'para quê' e 'para quem' ele se endereça. Cumpre declinar objetivos intrínsecos e extrínsecos. Os primeiros referem-se à própria pesquisa realizada para resolver o problema suscitado, suas hipóteses, elaborar conceitos e definições concernentes. Os segundos ligam-se ao padrão das tarefas acadêmicas a ser cumpridas e às motivações individuais para a atualização acerca do assunto em pauta.

5. Elaboração de hipóteses de trabalho: o estudante diante do tema problematizado cuidará de elaborar a resposta, *a priori*, adequada à solução da proposição enunciada e verificável.

Através de suas investigações, ele procura comprovar as assertivas iniciais. Examinado um problema por meio de observações sistemáticas e/ou assistemáticas sobre o comportamento das variáveis, é possível a formulação de solução provável para ele. Essa solução ainda não confirmada chama-se "hipótese", a qual o pesquisador se propõe a demonstrar.

6. Determinação de métodos e técnicas a empregar: é possível e necessário indicar as linhas mestras que acompanharão a execução do plano de pesquisa. Esse plano pode ser: dialético, racional, progressivo, comentário de texto e comparativo.

   a) O plano dialético exige a consideração do tema em tese, suas contraposições e posições;
   b) o plano racional refere-se ao exame conceitual ou temático. Esse exame está ligado às interrogações, tais como: a questão existe? Qual é a sua natureza e a sua relevância para ser resolvida?
   c) o plano progressivo propõe-se a definir progressivamente os termos básicos do tema;
   d) o plano comentário de texto é a proposta de análise, explicação, discussão e avaliação textual;
   e) o plano comparativo envolve a comparação conceitual, atingindo as premissas convergentes e as divergentes de um texto e/ou de um fenômeno situado para estudo.

7. Levantamento bibliográfico: o estudante o realiza em bibliotecas, catálogos gerais e específicos de autores, obras e títulos de interesse do seu plano investigatório, CD-ROMs e outras bases de dados disponíveis nas redes de informática ou virtuais.
8. Seleção bibliográfica: após o levantamento da bibliografia, o estudante deve selecionar apenas as obras relevantes à elaboração de seu trabalho. Essas obras podem ser classificadas em pré-requisitos e requisitos.
9. Elaboração do plano definitivo: trata-se agora de prever para prover, de distribuir proporcionalmente o assunto em questões ou em estudo (introdução, desenvolvimento e conclusão). Estipulam-se horários de estudo, de consulta à biblioteca, tipos de materiais humanos e materiais necessários, bem como se definem métodos e técnicas adequados às informações e coleta de dados.

## Fase de execução

Leitura e documentação das obras selecionadas. A documentação é a fase de coleta de dados adequados ao esclarecimento e demonstração do tema-problema escolhido ou indicado para a execução de uma pesquisa ou de um trabalho.

A investigação ou coleta de dados ocorre por meio de dois procedimentos:

a) levantamento bibliográfico: as obras podem ser impressas, comercializadas e classificadas nas bibliotecas e em documentos eletrônicos. Vejamos algumas definições importantes:
  - Documento: é qualquer base de conhecimento fixado material e eletronicamente, suscetível de ser consultado.
  - Biblioteca: espaço em que estão selecionados e contidos os livros.
  - Bibliografia: técnica ou ciência que tem por finalidade a enumeração, descrição e crítica da atividade intelectual que foi e/ou é escrita na história do saber do homem.
  - Biblioteconomia: classifica e estuda a descrição dos livros, sua organização e a história complexa das bibliotecas.
  - Bibliologia: cuida de historiar o livro na sua fabricação material.
  - Apontamento ou nota: qualquer documentação colhida em documento.
  - Referência bibliográfica: conjunto de indicações precisas e minuciosas que permitem a identificação de publicações no todo ou em partes.

b) levantamento de dados: coleta de dados do trabalho acadêmico. Em sua maioria, refere-se à análise do material bibliográfico que envolve a competência da leitura, que pode ser realizada da seguinte maneira:
  - Leitura de reconhecimento ou prévia.

Há informações sobre o assunto?
- Leitura exploratória ou pré-leitura.
Onde?
- Leitura seletiva.
Quais as melhores informações para o problema?
- Leitura reflexiva.
Quais informações são pertinentes, relevantes?

## Documentação do material relevante

A documentação é a competência de documentar, de fazer apontamentos e de recolher material adequado para análise. Se é difícil constituir uma grande biblioteca, é fácil constituir um fichário ou arquivo de anotações de formas, ou seja, uma minibiblioteca acessível à nossa disposição.

Para isso, torna-se necessário seguir os seguintes passos:

a) localização das fontes documentais: podem ser informais e formais.
Na documentação informal, procura-se obter elementos importantes de congressos científicos, reuniões, seminários etc. Com relação à documentação formal, os dados poderão ser coletados em materiais impressos, como livros, periódicos, revistas e materiais gravados, bem como materiais eletrônicos;
Deve-se lembrar a importância das narrativas e descrições inéditas encontradas nas memórias, teses e resumos escritos. Outra fonte documental são os dados numéricos e estatísticos, tabulações e gráficos, que refletem, quantitativamente, objetos ou realidades factuais, por exemplo: índices demográficos, econômicos, censitários etc.;

b) registro, classificação, armazenamento e análise das informações, tanto daquelas expressas em língua de origem como as traduzidas. Nessa fase, é relevante registrar os dados coletados e especializados sobre o problema da pesquisa. Consulta e registro de documentação especializada: resumos, bibliografia, monografias, teses, CD-ROMs etc.;

c) distribuição e comunicação dos documentos através de reprodução e avaliação da eficácia deles nos processos de pesquisa.

Outros procedimentos nessa área serão apresentados no Capítulo 4, no item sobre pesquisa e informática.

# CAPÍTULO 3

# Natureza humana: conhecimento e saber

## Considerações gerais

O homem, como parte da natureza, é um ser dotado de categorias *sui generis* que orientam seu mundo de expressão e relação e exigem o ato de conhecer. Essas categorias supõem desdobramentos próprios ao ser cognitivo. Alguns são 'sensíveis', enquanto outros são 'metassensíveis'. Os componentes sensíveis dizem respeito às expressões corpóreas, e os metassensíveis referem-se ao pensamento, à reflexão e à abstração. Assume-se, então, como própria à ocorrência sensível, a noção de que o fogo queima e, como adequada ao dado metassensível, a expressão aritmética: $2 + 2 = 4$. Expressam-se, portanto, como categorias sensíveis aquelas em que o conhecimento é conseqüência da relação entre sentidos e objetos exteriores. Trata-se de apreensões que podem ser realizadas de forma imediata, mesmo compondo-se com a abstração. Exemplificando mais uma vez, os componentes sensíveis poderiam ser citados como fenômenos orgânicos e de reações motoras, visuais, auditivas e, por conseguinte, relativos aos fenômenos empíricos. Denominam-se fenômenos agrupados sob a composição metassensível aqueles cujas impressões orgânicas são internas e expressam-se através de realidades próprias à extensão, dimensão, afetividade, à dor, ao prazer, desprazer etc.

À natureza do homem como ser cognitivo acrescenta-se a sua competência perceptiva, pois a percepção é de alguma forma definida como o próprio conhecimento de um objeto. Trata-se da apreensão de uma qualidade e/ou quantidade sensível.

Elucida-se nesse quadro que a natureza humana como um campo de dados e fatos possui um mundo sensitivamente vivido em que toda sensação reproduz a percepção de um objeto. No processo do conhecimento, o mundo sensorial refere-se à apreensão das qualidades sensíveis, enquanto a percepção refere-se à apreensão do objeto como tal.

## Natureza humana

O homem é um ser que expressa o encontro de seu mundo interior com o exterior através de processos cognitivos. Desse mundo fazem parte todos os fenômenos naturais, metafísicos e aqueles produzidos por sua racionalidade e sociabilidade. A natureza humana é, portanto, um todo que se compõe de processos, disposições e experiências interiores e exteriores, os quais se integram nos atos de conhecer e saber. Esses atos, por sua vez, envolvem ainda fatores como: inteligência, forças impulsoras e instintivas, emocionais etc. A par de tal colocação, deixa-se explícito que referimo-nos à natureza humana considerada em sua totalidade e inteireza.

Consciente de si mesmo, de seu ser existencial, o homem constitui-se como único dentro do universo. Pela sua capacidade de pensar e de refletir, ele busca explicação sobre o mundo. Vai progressivamente construindo e conhecendo os mecanismos e componentes potenciais e atuais no meio ambiente e na sociedade a que pertence.

## Conhecimento

O conhecimento pode ser definido como a manifestação da consciência de conhecer. De forma mais simplificada, diz-se que ele existe quando a pessoa ultrapassa o 'dado' vivido, explicando-o. Ao viver, o ser humano tem experiências progressivas: da dor e do prazer, da fome e da saciedade, do quente e do frio. O conhecimento se dá pela vivência circunstancial e estrutural das propriedades necessárias à adaptação, interpretação e assimilação do meio interior e exterior ao ser. Ocorrem aqui as relações entre sensação, percepção e conhecimento, sendo que a percepção tem uma função mediadora entre o mundo caótico dos sentidos e o mundo mais ou menos organizado da atividade cognitiva. É importante frisar ainda que o conhecimento e/ou o ato de conhecer existem como forma de solução de problemas próprios e comuns à vida.

Originariamente, o homem, ao nascer, adapta-se progressivamente a um mundo já existente. Introduzido no processo de socialização, vai progressivamente interrogando sobre os significados do universo circundante, buscando respostas convincentes para as suas dúvidas e incertezas.

A exigência de conhecimento como forma de solução problemática, mais ou menos complexa, ocorre em torno do fluxo e refluxo em que se dá a base de idealização, pensamento, memorização, reflexão e criação, os quais acontecem com maior e/ou menor intensidade, acompanhando parâmetros cronológicos e de consciência do refletido e do irrefletido.

Se o conhecimento é um processo dinâmico e inacabado, somente é possível considerá-lo dentro de uma visão dialética que se desdobra em um constante vir-a-ser, servindo como referencial para a pesquisa tanto qualitativa como quantitativa das relações sociais, bem como para aquelas formas de busca de conhecimento próprias das ciências exatas, como as experimentais.

No que diz respeito à pesquisa, é correto concordar com a autora Maria Cecília de Souza Minayo, ao se reportar ao desafio do conhecimento, sabendo que toda pesquisa tem como ponto de partida um problema levantado sobre uma realidade: "Embora pouco a pouco a problemática vá se desdobrando, o estudo se organiza dentro de alguns pontos fundamentais que perpassam o conjunto das questões tratadas, quais sejam, a natureza do social; as relações entre indivíduo e sociedade; entre ação, estrutura e significados; entre sujeito e objeto; entre fato e valor; entre realidade e ideologia e a possibilidade do conhecimento, visto sob o prisma de algumas correntes sociológicas" (1992:5).

Ao nos referirmos a essa citação bibliográfica, queremos afirmar que o conhecimento de todo e qualquer fato parte do homem como ser antropocêntrico, e os resultados obtidos retornam para o homem e para a sociedade.

## Natureza humana: conhecimento e saber

O saber, sendo essencial e existencial no homem, ocorre entre todos os povos, independentemente de raça, crença etc., porquanto no homem o desejo de saber é inato. A busca do saber já caracteriza os tempos pré-históricos, época em que o homem, tentando desvendar o universo, adere ao culto das forças da natureza como forma de conhecimento.

Na passagem da época primitiva para a Antiguidade, o homem, em sua sabedoria de então, amplia os limites do seu conhecimento, passando das explicações mitológicas dadas ao universo para explicações de natureza religiosa.

É na busca incessante da verdade (objetivo do conhecimento) que se assiste progressivamente à procura de interpretações ou respostas às interrogações sobre o universo através da proposta de bens como hipóteses ou realidade; passagem da religião à filosofia — o caminho da razão; passagem da filosofia à ciência — a via do raciocínio engajada em uma relação de causa e efeito, através de análises rigorosas e procedimentos racionais adequados; de convergências e divergências entre o homem e o universo — contradições científicas; do momento científico, o qual corresponde à medida quantitativa, qualitativa e ideológica.

Nesse ponto, evidencia-se que a natureza humana é um fenômeno *sui generis*, marcado por um espaço-temporalidade definido no *hic et nunc* (aqui e agora), cujo conhecimento desenvolveu-se e/ou evoluiu conquistando um espaço teórico e prático, até então inexplorado e/ou em exploração por diferentes ideologias (religiosas, filosóficas, morais e científicas) que compõem o próprio indivíduo.

As diversificações na busca do saber e do conhecimento, segundo caracteres e potenciais humanos, originaram contingentes teóricos e práticos diferentes a ser destacados em níveis e espécies.

## Níveis de conhecimento

Constata-se que muito se polemizou sobre graus e níveis de conhecimento e as suas implicações. Em que termos? A resposta encontra-se mais uma vez diante do que se consignou chamar 'natureza humana' e/ou 'especificidades do homem'. O homem é um ser de cultura que subsiste e se desenvolve com o progresso da sociedade, da civilização, sendo, desse modo, um animal histórico. Porque vive, quer realizar-se a si mesmo, ser aquilo que é capaz de ser, e isso o induz a trabalhar para conhecer-se melhor, descobrir suas forças internas, anotar as aptidões e possibilidades que o constituem e, conseqüentemente, a realizar aquilo que sente, que pode e que deve ser.

Centro de forças físicas e espirituais, o homem é indivíduo e pessoa. Como pessoa, vive em um processo de comunicação e de conhecimento e, por isso, é induzido a descobrir, além de aptidões, virtudes e perfeições que permitem comunicações intrínsecas ao próprio ser decorrentes da própria vida e da própria inteligência.

Nessa perspectiva de comunicação e diálogo estabelecida entre mundo subjetivo e objetivo do homem e entre homens, a pessoa é focalizada no mundo e em uma vida orientada para a realização de si mesma e da sociedade.

Assim sendo, afirma-se que o conhecimento é o resultado de um processo histórico que supõe necessariamente formas progressivas de educação, evolução e desenvolvimento, abrangendo sempre e em todas as circunstâncias biopsicossociais do homem elementos básicos que o definem como sujeito.

Dependendo da forma como o homem vê o mundo e de como o interpreta e o interioriza, surge a dimensão de seu entendimento e ação.

"Agimos entendendo e entendemos agindo. Dois atos nossos que, evidentes, saltam-nos aos olhos, imediatamente, quando nos colocamos a mirar o nosso modo de ser. À medida que agimos, buscamos compreender o mundo em que e com o qual agimos e, à medida que o compreendemos, cuidamos de reordenar e reorientar nossa ação 'iluminados' pelo 'entendimento' conseguido." (Luckesi, 1984:47)

Conseqüentemente, o homem, em seu ato de conhecer, conhece a realidade vivencial, porque, se os fenômenos agem sobre os seus sentidos, ele também pode agir sobre os fatos, adquirindo uma experiência pluridimensional do universo.

De acordo com o movimento que orienta e organiza a atividade humana, conhecer, agir, aprender etc. se dá em níveis diferenciados de apreensão da realidade, embora eles estejam inter-relacionados.

O conhecimento representa um processo de maturidade do complexo humano. Essa constante evolutiva do passado, do presente e da futuridade é própria aos níveis de conhecimento predominantes a cada necessidade do conhecer, que se distingue de indivíduo para indivíduo em relação ao espaço e à temporalidade.

Assumindo o pressuposto de que todo conhecimento humano reporta a um ponto de vista e a um lugar social, fica fácil compreender que são quatro os grandes ângulos sob os quais se busca o conhecimento e o sentido das coisas: o conhecimento sensível (senso comum), o conhecimento filosófico, o conhecimento teológico e o conhecimento científico.

## Conhecimento sensível (senso comum)

Também denominado 'vulgar' ou 'empírico', é o conhecimento do dia-a-dia e que se obtém pela experiência cotidiana. É espontâneo e focalista, sendo, portanto, considerado incompleto. Acontece ao acaso e não é explicado rigorosamente, por isso é carente de objetividade. Ocorre por meio do relacionamento diário do homem com as coisas, não havendo intenção nem preocupação de atingir o que o objeto contém além das aparências. Trata-se de conhecimento constituído por opiniões e modos acríticos de perceber a realidade (Turato, 2003:57).

De acordo com Pedro Demo, nesse contexto, existe ainda o que chamamos de 'bom senso', caracterizado pela perfeição simples, mas adequada à realidade. "O faro ótimo, a percepção pela solução convincente para problemas em foco, a capacidade de não se precipitar, de não conturbar ainda mais, a habilidade de argumentos com cumplicidade e convencimento, a condução que colabora em termos de resolver e não de azedar, tudo isso faz parte do bom senso." (1996:18)

Algumas características do conhecimento vulgar devem ser declinadas para mais esclarecimentos:

a) Sensitivo: é a característica que se dá segundo a faculdade do sujeito cognoscitivo em sentir aquilo que lhe é meramente agradável ou desagradável. Trata-se do dado mais elementar daquilo que é imediatamente vivido pelo sujeito situado no mundo. Nessa característica, o homem em seu processo de conhecimento não consegue discernir o essencial do acidental, aprendendo apenas aspectos externos dos objetos e dos fatos. Não ocorre, por conseguinte, a interpretação além do dado imediatamente vivido. Essa característica se torna mais compreensível no plano qualitativo quando nossa experiência real parece ser a da percepção e não a da sensação. Quando dizemos que vemos o céu azul, na realidade é necessário que antecipadamente tenhamos a sensação de certas linhas e cores e a sensação do azul que, em seguida, interpretamos e organizamos para chegar à percepção desse objeto.

b) Superficial: retém-se, nesse caso, àquilo que é aparente, sem se ater à análise de antecedentes e conseqüências que provocam a ocorrência do fenômeno. Exemplificando, toma-se consciência de que os corpos caem até o solo ou sobre um outro objeto apoiado na terra. No dia-a-dia, o homem pode contentar-se com essa observação, achando ser isso tão comum e tão simples que não procura uma explicação para o fato, não constata por conseqüência o que Isaac Newton demonstrou: que a matéria atrai a matéria em uma relação equacional e que a força de atração entre os corpos é denominada 'gravidade'.

c) Subjetivo: há, nesse caso, uma concepção individual e particular das coisas que estão dispostas no cosmo. Trata-se de um conhecimento direto com o mundo objetivo imediato, em que se projeta o eu individual com a sua competência espontânea e sensitiva.

d) Destituído de método (assistemático): não possui definições metodológicas que permitam a ordenação intencional e generalizada de fases que viabilizem a construção de um modelo inteligível, simples, preciso e verificável do mundo em que se vive. Conseqüentemente, o saber é dispersivo e assistemático.

e) Impregnado de projeções psicológicas: trata-se de um conhecimento impregnado de ilusão e paixões. Tal é o caso das superstições, das explicações provindas da astrologia e de algumas crenças que impregnam o comportamento do homem. Nesse caso, as concepções projetam os sentimentos e as disposições adquiridas através das tradições sociais e culturais.

## Conhecimento filosófico

A palavra 'filosofia' foi introduzida por Pitágoras e é composta de *philos*, 'amigo', e *sophia*, 'sabedoria'.

Etimologicamente, essa ciência é tida como a expressão da universalidade do conhecimento humano, de tal forma que é a fonte de todas as áreas deste e todas as ciências não só dependem dela como nela se incluem. Assim, a filosofia dividia-se em especulativa ou teórica e prática ou normativa. A primeira se subdivide em geral e especial. Faz parte da geral a ontologia ou metafísica e, da especial, a teodicéia, a psicologia e a cosmologia. Da cosmologia fazem parte a física e a matemática. A filosofia prática ou normativa, por sua vez, envolve a lógica material ou formal; a ética individual, familiar e social; e a estética. Nesse sentido, a filosofia é a ciência das primeiras causas e princípios. É destituída de objeto particular, mas assume o papel orientador de cada ciência na solução de problemas universais.

Progressivamente, constata-se que cada área de conhecimento desvincula-se da filosofia em função da forma como trata o objeto (matéria).

Em toda a trajetória filosófica, surgiram idéias e teorias de grandes filósofos, convergentes e/ou divergentes. Portanto, se há generalidades, não há consenso. Isso pode ser exemplificado por expoentes como Pitágoras, Platão, Santo Agostinho, São Tomás de Aquino, Francis Bacon, René Descartes, Jean-Jacques Rousseau, John Locke, George Wilhelm, Friedrich Hegel, Karl Marx etc.

Segundo Pitágoras, a alma governa o mundo. As partes do universo unidas entre si refletem a harmonia expressa pelos números (quantidades).

Os sofistas defendem a tese de que os filósofos se contradizem; por isso, basta o jogo da argumentação para demonstrar o que se quer provar verdadeiro. A proposição básica era livrar-se de dificuldades, apresentando as coisas adequadamente para se ter razão.

Para Sócrates, o conhecimento é guia da virtude. "Conhece-te a ti mesmo" e a verdade que o outro encerra.

Segundo Platão, as idéias não são representações das coisas, mas a verdade das coisas.

Santo Agostinho preconiza que a razão é dimensão espiritual.

São Tomás de Aquino considera o homem como indivíduo, estudando-o na prospecção de matéria e forma e admitindo que o universo é dirigido pelo princípio da perfeição.

No Renascimento, Bacon defende a filosofia através de concepções ligadas a pesquisas e a experimentações.

No século XVIII, Rousseau dá prioridade à sensibilidade em detrimento da razão. Sua idéia é que o homem é naturalmente bom, mas a sociedade o perverte. Trata-se de uma reflexão eminentemente moral, defendendo a democracia vivida na dimensão da liberdade e da igualdade.

Locke, empirista inglês, defende a tese de que o homem, ao nascer, é uma tábua rasa sobre a qual a experiência é gravada. A gênese do conhecimento (experiência) é a sensação e a reflexão (geram idéias).

Immanuel Kant admite que, se o conhecimento se inicia com a experiência, este não resulta só da experiência.

Hegel desenvolve uma filosofia cujo ponto de partida são as idéias, inicialmente heterogêneas e, por isso, confusas. Para torná-las claras, deve-se considerar o vir-a-ser, ou seja, o objeto feito. Todo dado racional é real, e todo dado real é racional.

Marx constrói o materialismo dialético e/ou materialismo histórico, que defende a tese de que as contradições existem na natureza. Portanto, dispõe-se a interpretar essas realidades que, se são contraditórias, são também concretas. A sua metodologia considera os seguintes itens, próprios ao sistema: a matéria, o trabalho e a estrutura econômica.

Contemporaneamente, há um reforço destacável da holística como um dos paradigmas da pesquisa científica, que contém em seus projetos a concepção da unidade ou totalidade, envolvendo até mesmo formação e ação interdisciplinar. Há ênfase nos princípios éticos que devem orientar todo conhecimento humano.

Observa-se que não há unanimidade de pensamento e de forma de reflexão nem mesmo entre os grandes expoentes da filosofia. Isso porque a filosofia repousa na reflexão que se faz sobre a experiência vital, e esta propicia derivações interpretativas diferentes sobre as impressões, imagens e opiniões concluídas.

Na atualidade, ser filósofo é uma disposição de interrogar sobre o mundo, de refletir sobre o próprio saber e problematizá-lo. Nesse sentido, a filosofia contemporânea não se reduz a uma busca de originalidade reflexiva e conceitual, nem é o filósofo considerado homem abstrato de pensamentos contidos por simples valores de utilização imediata e transcendental.

A filosofia tem, antes, a finalidade de compreender a realidade e fornecer conteúdos reflexivos e lógicos de mudança e transformação dessa realidade. A filosofia cumpre a tarefa de elaborar pressupostos e princípios norteadores das ações humanas. Por isso é que evoluiu em um tempo e espaço que solicitam o contexto histórico.

Desse modo, "a filosofia não é um castelo abstrato, estéril e distante de idéias. Idéias difíceis e herméticas, como às vezes, de forma detratora, se diz. Ela é uma forma de conhecimento prático, orientadora do exercício de nossa sobrevivência em sociedade. Ela pode não garantir o 'ganha-pão', como se diz vulgarmente, mas certamente que é com ela e com sua ajuda que conseguimos o pão nosso de cada dia, pois dela depende o encaminhamento de nossa ação" (Luckesi, 1984:67).

Quanto ao objeto de conhecimento da filosofia, pode-se indicá-lo como o 'tudo'. Procura-se conhecer o 'ser' e o 'não ser', o bem e o mal, o mundo dos seres, dos homens. As proposições filosóficas são situadas em um contexto cultural que considera o homem inserido na história. A filosofia é, pois, uma reflexão crítica também da sociedade, da política, do direito e da educação, e é esse o seu fundamento.

Trata-se de um conhecimento caracterizado por objeto próprio, objetivos e métodos os quais se tornam expressos em conceitos, juízos e argumentos adequados às formas de pensamento que obedecem a rigores lógicos.

Reportando ao conceito de 'conhecimento', mais especificamente do 'conhecimento filosófico', deixamos claro que não houve a intenção, neste texto, de esgotar o assunto, mas de demonstrar que, à base de toda pesquisa, é relevante que haja implícita e/ou explicitamente uma fundamentação filosófica, que acaba por recair no racionalismo, no positivismo, na dialética e/ou na fenomenologia.

Nesse sentido, é coerente com o pensamento dos filósofos modernos se afirmarmos que: "A teoria do conhecimento volta-se para a relação entre o pensamento e as coisas, a consciência (intervir) e a realidade, em suma, o sujeito e o objeto do conhecimento (...) É a maneira individual e própria com que cada um de nós percebe, imagina, lembra, opina, deseja, age, ama e odeia, sente prazer e dor, toma posição diante das coisas e dos outros, decide, sente-se feliz ou infeliz" (Chauí, 1994:117).

Segundo esse conceito, a conclusão a que se chega é que tanto a lógica dialética como a fenomenológica propiciam a compreensão da realidade factual em seus conflitos e contradições, cuja verdade está contida no mundo, no objeto de estudo, abrindo-se para constantes transformações e mudanças. O conceito de verdade utilizado refere-se, por conseguinte, ao princípio da transitoriedade, porquanto o universo e o mundo sempre têm algo a segregar, cabendo ao pesquisador ir a cada momento na busca de novos ângulos de conhecimento.

A verdade está contida *a priori* no objeto, fugindo, pois, de qualquer pressuposto idealista, caminhando para o virtual. Essa é uma das metas do investigador.

## Conhecimento teológico

A teologia é um conhecimento direcionado à compreensão da totalidade da realidade homem-mundo. O objetivo é detectar um princípio e um fim unívocos no que se refere à gênese essencial e existencial do cosmo. A teologia tem por objeto de estudo os 'princípios da vida', enquanto estes têm a sua causa suficiente em outro ser.

É o estudo do Absoluto e da relação que existe entre 'Absoluto' e 'relativo'. A matéria de estudo é Deus, como Ser que existe de forma independente e detém não as potencialidades, mas a ação do perfeito. Há, nesse nível de conhecimento, a reflexão sobre a essência e a existência naquilo que elas têm como causa primeira e última de toda a vida.

A teologia defende a proposta de que a inteligência e a racionalidade diferem dos sentidos por natureza e não só em grau. Nas coisas é que busca o Ser; o Ser é capaz de ser abstraído pela inteligência.

Do ponto de vista teológico, a existência divina é evidente, e evidência não se demonstra nem se experimenta (procedimento experimental), mas se analisa, se interpreta e se explica. Considera-se, nesse caso, Deus como um Ser evidente *a priori*; o Ser que possui a perfeição e, portanto, emana o princípio vital e coordena o plano existencial através da essência contida na existência.

Na teologia, o método é reflexivo e lógico. A fonte de conhecimento encontra-se nos livros sagrados, que não precisam necessariamente ser cristãos.

Embora a teologia tenha consignado em si o dado de fé, teologia e fé não são a mesma coisa. Isso porque a teologia é uma reflexão lógica, embora tome como primeiros princípios não os princípios da razão, mas os da revelação.

## Conhecimento científico

O conhecimento científico direciona-se, como os demais níveis anteriormente descritos, às formas de pensamento e observação concretizadas em estratégias que o pesquisador utiliza para o desvelamento de fenômenos. O pensamento é uma característica própria do indivíduo e, como tal, é uma atividade orgânica indispensável à construção do conhecimento. Dessa maneira, rotineiramente, o pensamento e o raciocínio, através da natural intuição humana, uma vez em contato com a realidade objetal, fornecem o quadro necessário ao ato de conhecer. Porém, na vida corrente, não há a contingência de formas de raciocínio e/ou de pensamento logicamente conduzidas. O que dirige, no caso, o ato de situar-se é o que se denomina 'intuição', 'senso comum' ou 'bom senso'. Tais componentes, em relação ao conhecimento, não são de desprezar, porquanto a prática é um fator relevante no processo de conhecer, como o é também a vivência sobre a realidade. O raciocínio científico nos permite descobrir as relações existentes entre os fenômenos, graças a uma reflexão paciente sobre os processos discursivos.

O senso comum representa a pedra fundamental do conhecimento humano e estrutura a captação do mundo empírico imediato para se transformar posteriormente em um conteúdo elaborado que, por meio do bom senso, poderá conduzir a soluções de problemas mais complexos e comuns até as formas de solução metodicamente elaboradas e que compõem o proceder científico.

À medida, portanto, que as soluções dadas aos problemas por meio do bom senso deixam de atender às necessidades e/ou urgências humanas, o processo de busca de pré-análise vai cedendo espaço à investigação sistemática, à generalização, à organização e à seleção de dados, caracterizando o procedimento científico.

Diz Leônidas Hegenberg que, "à medida que os problemas alteram os dados da experiência vulgar, da mesma forma por que o escultor, a partir do mármore, chega à estátua que, sem deixar de ser mármore, é fruto de sua inventividade, a ciência principia acomodada ao bom senso, mas termina acomodando-o às suas invenções. Aquilo que a experiência comum nos pode oferecer é, em algumas ocasiões, perfeitamente aceitável. Mas os dados do bom senso precisam, não raro, depois de aprofundadas as questões, sofrer transformações mais ou menos radicais" (1973:23).

Vemos que o conhecimento científico se dá à medida que se investiga o que fazer sobre a formulação de problemas que exigem estudos minuciosos para o seu equacionamento. Utiliza-se o conhecimento científico para conseguir, através da pesquisa, constatar as variáveis: a presença e/ou ausência de determinado fenômeno inserido em dada realidade. Essa constatação se dá para que o estudioso possa dissertar ou agir adequadamente sobre as características do fenômeno que o fato apresenta.

Representativamente, o estudioso pode estar interessado em investigar a situação da criança abandonada e delinqüente com o objetivo de descrever as suas características como simplesmente pode procurar conhecer os fenômenos que encerram esse fato para sobre eles agir. Quer aconteça o procedimento mantido para um ou outro objetivo, conclui-se que esse procedimento estará presente desde que obedeça a um projeto determinado, cuja preocupação se estende às generalizações que possam até atender a casos particulares.

No conhecimento científico, há que grifar a exigência da definição dos problemas que se pretende solucionar, porque nesse procedimento está sempre presente a intencionalidade, mediante a qual são definidos formas e processos de ação. Por conseguinte, a atividade desempenhada pelo cientista tem em vista definir as situações fenomenais, pois somente definindo-as ele é capaz de tornar conhecidos os conceitos elaborados. Dessa maneira, o estudioso consegue atingir em termos de conhecimento as qualidades e quantidades próprias e/ou próximas à verdade e à certeza que o fato encerra. Pretende-se, assim, atingir o melhor índice de validade e de fidelidade do conhecimento de um fenômeno.

Para atingir tal resultado, é necessário que a busca de conhecimento de um fenômeno seja guiada por perguntas básicas que encaminharão o encontro de respostas concernentes e, portanto, coerentes entre si.

Essas perguntas podem ser sintetizadas nas seguintes declinações:
a) O que conhecer?
b) Por que conhecer?
c) Para que conhecer?
d) Como conhecer?
e) Com que conhecer?
f) Em que local conhecer?

Observa-se que tais procedimentos acabam por caracterizar uma ação metodológica que norteia o conhecimento do pesquisador que se dirige a qualquer uma das propostas de formação profissional, seja ela própria ao jurista, ao assistente social, ao educador, ao comunicólogo, ao administrador, ao químico, ao artista etc.

Como se viu, a realidade científica é uma realidade construída, que tem significado à medida que oferece características objetivas, quantitativamente mensuráveis e/ou qualitativamente observáveis e controladas.

Os modos de proceder do conhecimento científico têm em mira descobrir sempre alguma coisa nova ou fornecer o melhor nível de certeza, explicação e compreensão sobre um assunto. Para isso, esse tipo de conhecimento passa a exigir padrões adequados de competência intelectual, de pensamento lógico, de raciocínio e até mesmo de intuição. Tais exigências propiciarão ao estudioso e/ou acadêmico padrões mínimos de competência para compreender, acompanhar, adaptar e criar formas e roteiros de pesquisa, de estratégias, de heurísticas, de ações etc.

Concluindo, é possível destacar que:
- o conhecimento científico surgiu a partir das preocupações humanas cotidianas, e esse procedimento é conseqüente do bom senso organizado e sistemático;
- o conhecimento científico transcende o imediatamente vivido e observado, buscando a formulação de paradigmas;
- o conhecimento científico, além de ater-se aos fatos, é analítico, comunicável, verificável, organizado e sistemático — é também explicativo, constrói e aplica teorias (Lehfeld e Barros, 1999:13);
- o conhecimento científico, considerado um conhecimento superior, exige a utilização de métodos, processos, técnicas especiais para a análise, compreensão e intervenção na realidade;
- a abstração e a prática devem ser dominadas por quem pretende trabalhar cientificamente.

Acresce-se que é do procedimento e/ou conhecimento científico que a ciência se constitui.

## Para que estudar a natureza humana, o conhecimento e o saber no início de um curso de metodologia?

O universitário, ao iniciar e/ou prosseguir sua formação, deve saber que o homem é um ser que perscruta e interroga o universo. Há nele a tomada de consciência de que, em dado momento da vida, o sistema de crenças transmitidas por nossos antepassados já não é suficiente para responder aos problemas enunciados através de 'por quê', 'para quê', 'para quem', 'como' e 'onde' as coisas se sucedem.

Buscando essas respostas, é necessário que o estudante se disponha, antes de tudo, à compreensão desse ser capaz de proceder a grandes construções. Esse ser é o homem, que no seu processo de crescimento percebe que, de repente, lhe é necessário proceder a uma psicanálise do conhecimento e a uma autognose. É imperioso estabelecer um diálogo com a realidade para a busca da verdade, que está inserida nos objetos e que o sujeito cognoscitivo há de abstrair para desvendá-la naquilo que o fato é. Por exemplo: é fato e verdade que descobriram as formas de transmissão do vírus HIV, mas não é fato e, por conseguinte, não é verdade que os pesquisadores conseguiram modos de tratá-lo com a eficácia da cura. O homem também é objeto de análise; como sujeito, é um ser que busca conhecer a si próprio. Portanto, é necessário, na elaboração de seu conhecimento, que proceda a reflexões filosóficas, religiosas e científicas, até mesmo que repense suas concepções pré-científicas.

Deduzindo que o ato de conhecer e que o processo do conhecimento constituem-se em formas de elaboração e de solução de problemas, há sempre no homem dúvidas quanto a essas soluções.

Explicando esse componente, afirma Hegenberg: "Nosso estar na circunstância que não é simples estar, mas estar e contar com uma interpretação, torna-se instável. Vem a dúvida, um não saber a que se ater, decorrência do choque de crenças antagônicas. Há que decidir. E então pensamos. O homem possui essa especial capacidade de afastar-se provisoriamente das crenças em conflito, sopesá-las para decidir a qual delas emprestará a sua adesão — já que é um suplício admitir crenças contraditórias. Enquanto crê, o homem não precisa pensar. É a incerteza que o obriga a meditar. Quando não sabe o que fazer com suas crenças, o homem pensa, tentando devolver ordem à circunstância que se fez problema para torná-la de novo estável e segura. Eis pois um modo de conceber o que seja pensar um método de que se vale o homem para tornar efetivo o seu ajuste intelectual com o contorno" (1973:22).

Compreendendo o texto citado, considerado clássico no estudo das explicações científicas, na introdução à filosofia da ciência, é necessário que o universitário, quer se dedique ao exercício profissional de uma certa área, quer se dedique à sua formação para o bacharelado, se interesse pela sua formação como pesquisador. Dessa forma, torna-se imprescindível a formação adequada de conhecimento à captação, exposição, compreensão, análise e síntese crítica do significado e dos limites dos métodos e técnicas atuais à investigação e construção do proceder científico. E, nesse proceder científico, o estudioso precisa admitir que o acréscimo do conhecimento humano deve ser acompanhado pelo aumento da sabedoria, concebida como a prudência e a retidão que encaminham o sentido vital do homem, que não se expõe na construção do presente, mas que se organiza em uma relação entre passado, presente e futuridade. Esse é um caráter humano em relação ao conhecimento que a ciência por si só não proporciona ao homem nem à sociedade. Por isso, há que compor e complementar o valor da filosofia, da arte, da religião, da ciência e da tecnologia como componentes intelectuais necessários à construção do mundo.

# CAPÍTULO 4

# A ciência e suas implicações

## Breves informações

O que é ciência? Responder a essa questão objetivamente e/ou de maneira única e precisa é uma tarefa impossível. As definições dadas pelos diferentes autores envolvem referências metodológicas, ideológicas, filosóficas e técnicas as mais variadas.

Se as correntes são várias e importantes para análise, discussão e crítica da teoria da ciência e suas concepções, não há neste trabalho o objetivo de polemizá-las, porquanto a nossa finalidade é fornecer, didaticamente, ao estudante subsídios próprios à iniciação e à compreensão da ciência como um conhecimento racional, sistemático, experimental, exato e verificável. Tem-se em vista demonstrar que, por meio da investigação científica, o homem não só reconstitui progressivamente o mundo dos objetos em seu pensamento como também lhe dá significantes novos e mais próximos à verdade que aquilo que os objetos contêm.

Por conseguinte, se não se quer cair na tentativa de elaboração mais profunda, também não será indicada uma definição. Ao repetir formulações de outros autores, teremos por objetivo incitar o estudante à reflexão e à investigação de outras conjunturas sobre o assunto.

A ciência é concebida por alguns estudiosos da questão como um conjunto de conhecimentos que se dá pela utilização adequada de métodos rigorosos, capazes de controlar os fenômenos e fatos estudados. Fixa esse conhecimento aos objetos empíricos, além de utilizar a observação e a experimentação.

Segundo essa assertiva, os componentes próprios aos fatos sociais e humanos estariam excluídos da viabilidade de ser considerados ciência. Assim, o modelo da ciência seria estereotipado pela física, matemática, química e biologia.

Outro conceito reporta a ciência como uma forma de conhecimento puro e aplicado. No primeiro caso, teríamos a "ciência pela ciência" — desinteressada: é o conhecer pelo e para conhecer; é a construção da ciência teórica. No segundo caso, seria a utilização do conhecimento para agir — é o plano da intervenção envolvendo a técnica.

A ciência é também definida como o estudo de problemas formulados adequadamente em relação a um objeto, procurando para ele soluções plausíveis pela utilização de métodos científicos. Há quem afirme que a ciência é o produto obtido por meio de estudos e conclusões adquiridos mediante considerações das causas e efeitos que possui uma situação-problema.

Relacionar 'causa e efeito' e/ou 'efeito ou causa' é um procedimento que remonta a Aristóteles. "Contudo, já o filósofo escocês David Hume, no século XVIII, investiu rigorosamente contra a noção de relacionamento entre efeitos e causas, em sua argumentação contra a causalidade. Para Hume, nós conhecemos um fenômeno e outro que o antecede com sugestiva aproximação. O conhecimento sensível nos põe dois fenômenos que guardam entre si a relação de antecedente e conseqüente; mas, dizer que entre eles há uma relação de produção (o primeiro produz o segundo), isto é uma construção da mente humana. Logo, não se pode dizer que a causa produz o efeito, mas apenas que o precede." (Morais, 1977:28)

Segundo Egberto Turato: "as condições básicas para que ocorra ciência, um trabalho científico, se constituem num método adequado, ou, melhor ainda, suficientemente criativo e flexível, que dê conta de aproximar-nos da realidade, de como ela se constitui, indo além do senso comum" (2003:20).

Enfim, conceituar 'ciência' significa levantar polêmicas advindas dos paradigmas que norteiam o trabalho do pesquisador, havendo, pois, pesquisadores mais pragmáticos, outros nem tanto e ainda aqueles que buscam respostas para um questionamento contínuo e crítico sobre a realidade.

## Formas de concepção da ciência

Esses são os diferentes postulados enunciados acerca da ciência, segundo as seguintes correntes:

a) Positivismo: a ciência é uma postura epistemológica representada pela maturidade do espírito humano. A imaginação está subordinada à observação. A ciência é eminentemente programática. O critério de definição sobre um conhecimento verdadeiro é um consenso entre humanos de boa-fé, competentes etc. O grande expoente do positivismo é Augusto Comte, que defende a tese de que o homem, em seu processo de conhecimento, assume três estágios de explicação: 'teólogico';

'metafísico'; e 'positivo' ou 'científico'. No primeiro item, estão contidas as explicações mitológicas; no segundo, as explicações místicas; e, só no terceiro, as científicas. Positivamente, a ciência trata de perscrutar e de encontrar ligações e descrições de como os fatos ocorrem. Essa teoria, se é hoje questionada, tem o mérito de ainda ser utilizada, demonstrando que fazer a ciência não é uma atividade espontânea do homem, mas uma elaboração sistemática e um produto tardio da história.

b) Funcionalismo: segundo essa abordagem, a ciência é uma concepção do sistema, portanto ela trata de proceder a investigações sobre formas duráveis da vida sociocultural e institucional de uma realidade. A ciência social, por excelência, analisa o desempenho e posições de papéis, normas, organizações, funções etc. Émile Durkheim é o expoente do funcionalismo, mas é Talcott Parson quem o sistematiza. No funcionalismo, na medida em que há ordem, ocorre o progresso.

c) Estruturalismo: a ciência é um procedimento teleológico da historicidade. É construída nesse quadro por meio de inquisições e respostas dadas ao 'para quê?'. O pensamento estruturalista permitiu que as ciências humanas conseguissem especificidade em seus métodos, afastando-se das explicações causais, bem como induziu a visualização dos fatos humanos assumindo forma de estrutura (Chauí, 1995:274).

d) Dialética: a ciência é definida como o ato de conhecer a análise do processo do fenômeno como uma parte do processo de conhecimento, realizado a partir de uma consciência crítica. A dialética não explica, não dá esquema de interpretação; ela apenas prepara os quadros da explicação. Assim sendo, a concepção dialética de ciência reproduz um sistema de conhecimento em desenvolvimento, que permite a elaboração de conceitos concernentes às atividades do indivíduo e, portanto, estabelece previsões a respeito da transformação da realidade e da sociedade.

e) Fenomenologia: a ciência é definida como a proposta da compreensão — é a intersubjetividade. A fenomenologia constitui-se em uma pré-ciência positiva em suas origens. Porém, é o estudo dos fenômenos com o uso da nossa imaginação, por meio da experiência vivenciada pelos sujeitos em realidades sociais. Para Edmund Husserl, filósofo tcheco radicado na Alemanha, considerado o pai da fenomenologia, graças às modalidades de percepção (ver, ouvir, tocar, sentir), podemos experimentar e dar significado às coisas que estão em determinado espaço e tempo (Husserl, 1985). Após Husserl, outras vertentes fenomenológicas surgiram, como a 'fenomenologia existencial', a 'fenomenologia transcendental' e a 'fenomenologia dialética'.

f) Modelo holístico: a natureza é reflexo da composição de energia que se expressa como mediadora e como unidade da matéria que funda informações próprias do ser humano. Nesse sentido, o ser humano é emoção, mente e corpo, garantido por um processo progressivo de formação e de programações que se transformam em objetos vitais entre o plano real e o ideal. Nos aspectos sociais, mais amplos, essa dinâmica energética é traduzida pela expressão sociopolítica (vida), pela economia (matéria), por leis, valores e ideologias.

Por conseguinte, a ciência é uma construção do conhecimento sem fragmentação, concebendo toda e qualquer realidade ligada à perspectiva de totalidade.

## Características da ciência

Sintetizando, pode-se dizer que a ciência assume definições variadas, mas que, em seu quadro geral, há características e exigências comuns a ser observadas. Assim, assume-se que a ciência é: racional; coerente; representação do real; questionamento sistemático; analítica; exigência de investigação e utilização de métodos; agrupamento de objetos da mesma espécie para o estudo; e comunicável.

a) Racional: as construções mentais são mais amplas e mais elaboradas, cedendo lugar à criação de conceitos e juízos em detrimento da contemplação em um processo de inter-relação. Assim, há uma conexão estabelecida entre a acumulação de dados quantitativos e qualitativos obtidos sobre um fenômeno e suas propriedades. Utiliza-se o raciocínio analítico, lógico e sintético, despojado de impactos emocionais. Trata-se da racionalização do conhecimento; abandona-se a improvisação, que cede lugar à sistematização e coordenação voluntária e metódica do raciocínio, observação, conclusão e aplicações aferidas diante dos fatos.

b) Coerente: a ciência tem o propósito de desvendar concordâncias entre a idéia e o fato e vice-versa. É atingida quando o espírito científico estabelece concordância entre objeto e conhecimento, procurando encontrar a verdade contida na realidade. Sendo crítico, o procedimento científico também substitui as impressões imediatas que acobertam a realidade por transposições suscetíveis à objetividade e à mensuração. O conhecimento científico de fato geralmente consiste em construir uma série de artifícios técnicos a fim de transpor a observação no campo visual e espacial da realidade, chegando à sua abstração e conceituação.

A coerência, além de ser reinterrogada, pretende se integrar para que possa ser distinguida de outras formas de representação da realidade. Ao sugerir uma pequena incoerência em um ramo científico, já devemos considerar que ela deve ser questionada para recuperar a coerência integralmente. É considerada o caráter novo do desafio da ciência.

A ciência precisa estar constantemente em um processo de questionamento de si própria. Deve fazer um movimento contínuo de construção e reconstrução, inovando-se.

c) Representação da realidade: a ciência é, antes de tudo, um quadro abstrato e codificado do real, porém um quadro fiel.

Os homens possuem uma série de representações do real, que podem ser sensitivas, ideológicas, filosóficas ou culturais. Cada uma tem a sua linguagem própria. A ciência representa o mundo, os fatos que ainda acontecem e/ou que estão acessíveis ao conhecimento. À medida que o homem conhece os fatos, ele vai construindo a realidade. Portanto, a ciência nos ensina como é o mundo, através de conceitos, regras e leis próprias.

d) Questionamento ou discussão sistemática: a ciência não pode ser considerada um fim em si própria; ela é instrumental para compreensão e ação sobre os fenômenos. Busca sempre discutir, justificar, demonstrar e criticar argumentos e razões fundamentais.

Pedro Demo, ao apresentar parâmetros da discutibilidade da ciência, afirma que "o diálogo crítico irrestrito constitui o caminho da ciência" (1996:22). Esse questionamento, contudo, precisa também ser coerente, ou seja, deve-se levar em consideração que o questionamento também precisa ser questionado. Ele deve ser sistemático, formalmente lógico e construído vagarosamente.

Portanto, o provável arrola o princípio de explicações plausíveis, porquanto estas trazem características próprias: coerência, objetividade e aplicabilidade. Objetiva dar significado ao esforço de referenciar a realidade como ela é, mesmo que nunca se consiga de todo (Demo, 1996:25).

e) Analítica: para construir uma ciência, torna-se necessário delimitar, decompor o objetivo de estudo. Analisar significa a competência do cientista em examinar cada fragmento e/ou cada parte de um todo. Trata-se de uma forma de raciocínio em que o predicado está compreendido no sujeito; são formas explicativas do objeto que está disposto para ser estudado.

f) Exigência de investigação e utilização de métodos: 'investigar' significa o ato e/ou disposição de pesquisar. A ciência é construída à base de indagações, buscas e descobertas. Dessa feita, a investigação só é propícia quando se define o que conhecer no espaço-tempo em que ela se realizará e em função dos dados coletados e necessários para atingir o conhecimento para a solução do problema enunciado.

O cientista planeja o seu trabalho, sabe o que procura e como deve proceder para encontrar o que deseja. É claro que o planejamento não exclui o imprevisto, o casual, mas, ao prever sua possibilidade, trata de aproveitar a interferência do acaso, enquanto este ocorre, e de submetê-lo a controle.

No sentido amplo, 'utilizar um método' significa o ato de o cientista elaborar um roteiro detalhado de sua pesquisa; nesse aspecto, o roteiro constitui-se em diferentes e/ou diversas fases do método.

No que diz respeito à ciência, a investigação não é só resultado da capacidade de iniciativa e de criatividade do pesquisador, mas é também a disposição do estudioso em submeter-se a um rigor metodológico.

A investigação tem por finalidade a resolução de um problema solucionável por meio da pesquisa. Dessa forma, o método é o orientador do estudo sistemático da situação-problema enunciada, sua compreensão e procura de solução.

g) Agrupamento de objetos da mesma espécie: para proceder a um estudo sistemático de um fato ou fenômeno, o cientista cuida de colocar em evidência objetos comuns a uma mesma realidade, os quais garantem, entre si, características comuns ou homogêneas.

h) Comunicável: as descobertas científicas ocorrem com a finalidade primeira de servir como força propulsora e solucionadora de problemáticas individuais e sociais. Assim, os estudos e resultados das investigações científicas devem ser comunicados à sociedade.

Para a comunicação ser processada, o cientista faz uso das definições, conceitos e termos que devem ser adequados e precisos, além de corresponder plenamente às idéias que se quer expressar. Ela precisa, portanto, de uma linguagem.

Segundo as análises procedidas no decorrer deste texto sobre definições e conceitos próprios à ciência, é adequado citar Hilton Japiassu sobre as suas colocações, consideradas plausíveis e adequadas: "não existe definição objetiva nem muito menos neutra daquilo que é ou não a ciência. Esta pode ser tanto uma procura metódica do saber quanto um modo de interpretar a realidade; tanto pode ser uma instituição com seus grupos de pressão, seus preconceitos, suas recompensas oficiais, quanto um metiê subordinado a instâncias administrativas, políticas ou ideológicas; tanto uma aventura intelectual conduzindo a um conhecimento teórico (pesquisa) quanto um saber realizado ou tecnizado" (1975:10).

## Natureza, objetivos e funções da ciência

O significado etimológico da palavra 'ciência' ('*scire*') é 'saber', 'conhecer'. É um conhecimento racional, sistemático, verificável, como já vimos.

Por ser um conhecimento envolvido por um quadro sociopolítico-cultural e histórico, conseqüentemente ele é falível e provisório.

Quanto ao estudo da natureza e à finalidade do conhecimento da noção e função da ciência, a epistemologia vem se ocupando e cuidando de analisar e revisar os princípios, os conceitos, as teorias e os métodos pertinentes à investigação científica.

A epistemologia diz respeito aos fundamentos, princípios e validade das ciências. Estabelece níveis de reflexão e de objetividade do conhecimento referentes aos modos de observação e experimentação. É uma análise crítica da ciência e das relações que há entre fatos, teorias e leis. Como decorrência, ela orienta e acompanha a ação e a reflexão dos pesquisadores, proporcionando o exercício da investigação e da construção da ciência, a apreensão do falso em favor da obtenção do real.

A epistemologia, fornecendo os instrumentos de crítica aos princípios e às elaborações do fato científico, viabiliza a edificação de uma ciência da ciência.

Além do referencial epistemológico, a ciência, como natureza, pode ser considerada sob três aspectos: como conhecimento ou sistema de enunciados provisoriamente estabelecidos, recebendo o nome de 'conhecimento científico'; como busca da verdade e produtora de idéias, 'investigação científica'; e como produtora de bens materiais, 'tecnologia'. Os três aspectos estão intimamente ligados e não são facilmente diferenciáveis.

Observa-se, também, quanto à natureza da ciência como conotação metodológica, que ela se divide em 'ciência-processo' e 'ciência-produto'.

A ciência, por um lado, é um conjunto de atividades praticadas pelos cientistas e pelas instituições científicas. Eles fazem a ciência. Consistem essas atividades em uma série de observações, experimentos, leituras, interpretações, raciocínios, planejamentos, organizações e execuções. Trata-se da pesquisa fundamental teórica, fundamental pura e aplicada. Essa é a ciência-processo. A ciência que se faz, o dado que se elabora, é a passagem de um estado de conhecimento a outro em relação a um fato, podendo, nessa dinâmica, seguir várias direções. É a maneira de operar através de atos sucessivos formalizados metodologicamente.

Conseqüentemente às atividades descritas como parte da ciência-processo, há como resultado um corpo de enunciados que tem por objetivo descrever, explicar e prever um outro aspecto da realidade. É a ciência-produto.

O filósofo da ciência (epistemólogo) interessa-se pela ciência-produto, ao passo que o metodólogo prende-se ao aspecto ativo e dinâmico dela, a investigação científica, principalmente. Sua tarefa consiste em verificar como são formulados os problemas científicos e como as hipóteses são postas à prova.

A ciência-processo, se encarada como o próprio processo de ensaio–erro, tem a sua natureza marcada pelo significado e/ou pela busca do logos-razão e pela inteligibilidade do objeto pelo sujeito. A razão e a inteligibilidade são utilizadas para a compreensão e explicação de fatos e dados do universo.

A ciência tem sua natureza definida também por seu aspecto metodológico de ação e/ou operacionalidade. Esse dado reflete o aspecto técnico da ciência. Trata-se, no caso, daqueles processos adequados ao registro das "condições em que os fenômenos ocorrem, a sua freqüência, a sua persistência, a sua decomposição, a sua comparação e o seu aproveitamento. O enorme instrumental metodológico de como operar em cada caso é, sem dúvida, o arsenal técnico que os cientistas estão desenvolvendo continuamente para alcançar o progresso da ciência" (Ferrari, 1982:3).

A palavra 'objetivo' significa 'fim que se quer atingir'. Na ciência, é possível afirmar que o objetivo a alcançar é o conhecimento dos objetos, aqueles objetos reais situados no tempo e no espaço, como os fenômenos físicos, psíquicos e sociais. A ciência tem também como alvo conhecer os objetos caracterizados pela intemporalidade e inespacialidade, por exemplo, as ciências matemáticas e as relações ideais.

Ora, deve-se concluir que as ciências se ocupam somente da busca da verdade material, porque não se atêm só às realidades factuais, mas as transcendem, enquanto o objeto de que se ocupam pode se referir à essência e/ou à existência, podendo ser ideal ou real.

Os objetivos da ciência são ainda determinados pela necessidade que o homem possui de compreender e controlar a natureza das coisas e do universo, compreendendo-a naquilo que ela encerra de certo, evidente e verdadeiro.

Com os objetivos assim delineados, a ciência realizará as suas três funções: descrever, explicar e prever os dados que cerceiam e/ou integram a realidade em estudo, tornando o mundo inteligível mediante interpretações ordenadas do mesmo, por meio da subordinação mútua entre enunciados em que se assenta o conhecimento científico.

Completando a visão tríplice sobre os objetivos e funções da ciência, cabe citar, segundo Ferrari, que a ciência, na visão contemporânea, tem ainda papéis a desempenhar, como o de proporcionar "aumento e melhoria de conhecimento; descoberta de novos fatos e fenômenos; aproveitamento espiritual; aproveitamento material do conhecimento; estabelecimento de certo tipo de controle sobre a natureza" (Ferrari, 1982:3).

## Divisão da ciência

Os filósofos, que incorporam todos os ramos de conhecimentos, foram os primeiros a classificar e/ou a dividir a ciência. Essa divisão ocorreu para que se estabelecesse uma ordenação do estudo, uma vez que a inteligência humana estaria limitada para apreender toda a extensão e a complexidade de uma realidade universal. A ciência é dividida e classificada à medida que se procura uma resposta para o fato de ela ser una ou divisível.

É bem verdade que todas as tentativas de divisão e classificação da ciência são vistas, hoje, em um quadro muito mais de historicidade do que de universalidade conceitual. Isso se dá porque a ciência, durante muito tempo, foi considerada um conjunto de conhecimentos certos e indubitáveis. Hoje, no entanto, os filósofos são unânimes em afirmar que ela não é a universalidade do saber, não é um conjunto de fatos, pois estes não são verdadeiros nem falsos: apenas são e estão aí. A ciência é antes um sistema de enunciados que podem cair em desuso; porquanto as ciências e a ciência, na atualidade, encontram-se em processo contínuo de formação. No processo histórico, assiste-se, a cada época, ao surgimento de conhecimentos delimitados que, por conseguinte, constituem novas ciências e uma proposta nova da ciência.

A divisão e a classificação das ciências podem ser aceitas, desde que os componentes considerem os aspectos da inesgotabilidade do conhecimento científico e a sua provisoriedade.

Tendo por finalidade propiciar aos leitores informações sobre aspectos que cerceavam a concepção da ciência, é adequado declinar algumas classificações segundo seus expoentes.

Aristóteles dividia as ciências em 'teóricas', 'práticas' e 'políticas'. As ciências teóricas são especulativas e delas fazem parte a física, a matemática e a metafísica. As ciências práticas têm por alvo direcionar as investigações sobre as ações humanas. Dessa área fazem parte a ética, a economia e a política. Quanto às ciências políticas, há que mencionar a finalidade das produções exteriores. Integram essa área a poética, a retórica e a dialética. Thomas Hobbes, filósofo social inglês, em sua obra *Leviatã*, preconiza a sociedade como expressão de um pacto social. Vivendo na Idade Moderna, classifica as ciências em 'históricas' e 'filosóficas'. As ciências históricas tratam dos fatos, e as filosóficas, dos antecedentes e conseqüentes.

Segundo Francis Bacon, precursor do experimentalismo, que se expressou no início da Idade Moderna, as ciências são classificadas segundo a predominância das atividades mentais a que se dirigem. Nesse espaço, elas estão distribuídas nas seguintes classes: 'ciência da memória', 'ciência da imaginação' e 'ciência da razão'. A história, que representa o dado material, pertence à ciência da memória; a poesia e a filosofia pertencem à ciência da imaginação.

André-Marie Ampère divide as ciências em dois ramos: 'ciências cosmológicas' ou 'ciência da natureza'; e 'ciências neológicas' ou 'ciência do espírito'.

Augusto Comte é, sem dúvida, o criador da sociologia; embora com ele não haja a aquisição de uma verdadeira ciência, há uma relevante expressão da filosofia da história ou de uma filosofia positiva. É o pai do positivismo. Como tal, Comte divide as ciências em dois grupos: 'ciências abstratas' ou 'gerais'; e 'ciência concreta' ou 'particular'. Segundo o princípio da 'generalidade decrescente' e o princípio da 'complexidade crescente', ele organiza a seguinte classificação: matemática, astronomia, física, química, biologia e sociologia.

Para Comte, a psicologia não é classificada como ciência, porquanto o que não é fisiológico — objeto da biologia — é sociológico. Para ele, a matemática é a ciência mais geral e mais complexa, e a sociologia é a menos geral e mais complexa.

Outras classificações poderiam ser citadas, porém tentaremos conceber a divisão considerada de maior representatividade atualmente.

Na atualidade há um certo consenso em dividir a ciência em dois grupos: 'ciências formais' e 'ciências factuais' (*veja Quadro 4.1*).

Nas ciências formais, o método é dedutivo, e os objetos de estudo são ideais; são aquelas que realizam imagens mentais, correspondentes às simbologias. Dessa forma, nada há de factual nos numerais 'um', 'dois', 'três' etc., como nada há de concreto em uma linha reta traçada entre dois pontos e nada há de experimental em uma raiz quadrada.

A dedução é, conseqüentemente, um procedimento metodológico estabelecido por noções abstratas, reportando-se ao conteúdo e às conclusões necessárias. A lógica compõe necessariamente esse quadro, enquanto procura a precisão científica.

As ciências formais contêm a matemática e a lógica. Elas operam os elementos simbólicos de forma, e as ciências empírico-formais — física, biologia, química etc. — detectam fenômenos empíricos e os intelectualizam por meio dos informes matemáticos.

As ciências formais não são, por conseqüência, a ciência de observação, porquanto uma proposição 'xis' é demonstrada quando é deduzida de proposições já assumidas como verdadeiras, como necessariamente decorrentes das precedentes.

A lógica, nesse caso, estuda e cuida da coerência do pensamento na busca da verdade. A dedução é situada como o raciocínio que vai do geral ao particular, que de uma verdade geral atinge uma verdade particular, implicitamente contida naquela. Por isso mesmo ela é denominada 'silogismo'.

Para entender essa colocação, definiremos inicialmente o que é 'enunciado'. Por 'enunciado' entende-se, com freqüência, 'proposição'. O enunciado é o ato de expor uma proposição, *in caso*, relativa ao dado empírico. Assim, afirma-se que são as ciências factuais o corpo de conhecimento que sistematiza uma relação empírica de observação. Não é suficiente coletar dados: faz-se necessário elaborar conexões lógicas para chegar a conclusões gerais, após examinar casos particulares.

A indução torna-se presente nesse caso. E por 'indução' entende-se o processo do raciocínio de ir do particular ao geral, considerando, segundo Guilherme Galliano, os seguintes elementos: "os fatos e os fenômenos observados; a lei geral colhida na observação; o princípio racional que pode ser formulado de distintas maneiras: as mesmas causas produzem sempre os mesmos efeitos, toda relação de causalidade é constante" (1979:39).

As ciências factuais referem-se às causas naturais (física, química, biológica etc.) e às humanas (antropologia, sociologia, história, direito etc.).

O 'princípio indutivo' utilizado nas ciências factuais deve cuidar de certos perigos, pois a indução consigna a passagem de alguns para todos; ou seja, de um presente conhecido para um futuro previsto. Assim, não podemos exigir-lhes que nos dê a certeza, como no caso da dedução.

Esquematicamente, teremos:

**QUADRO 4.1. DIVISÃO DA CIÊNCIA**

| | Ciências formais | Ciências factuais |
|---|---|---|
| Características | Possuem objetos de estudo determinados por um sistema de definição de axiomas mais ou menos explícita dos sistemas operatórios que os originaram. | Possuem objetos de estudo suscetíveis de ser vinculados segundo procedimentos regulados por constatações sensíveis e sensitivas. |
| Esquematização através de explicação | a) Esquema casual: supõe-se uma dependência de causa e efeito entre os fenômenos.<br>b) Esquema de mensuração e de probabilidade. | a) Esquema casual.<br>b) Esquema funcional.<br>c) Esquema estrutural.<br>d) Esquema dialético.<br>e) Esquema fenomenológico. |
| Função de raciocínio ou método | • Observação e quantificação.<br>• Experimentação.<br>• Método dedutivo.<br>• Verificação dos resultados. | • Observação.<br>• Pesquisa quantitativa.<br>• Método intuitivo.<br>• Revisões e avaliações contínuas de seus resultados. |

# Ciência e técnica

A ciência é uma das mais extraordinárias criações humanas, pois as suas explicações lhe conferem poderes e proporcionam a satisfação intelectual e, até mesmo, estética.

Um de seus aspectos que têm sido destacados é aquele que a situa como meio adequado para o controle prático da natureza. É a tônica da ciência como matriz de recursos técnicos e/ou tecnológicos que, utilizados com sabedoria, contribuem para uma vida humana mais satisfatória em termos de efetivação instrumental do fazer e do agir.

A ciência emana da autoridade do conhecimento obtido por procedimentos metódicos, estabelecidos entre o mundo da realidade existente e o mundo mental, para obter o conhecimento do fenômeno. A técnica é revestida da autoridade da intervenção profissional própria de um dever, procedente da competência da prestação de serviços necessários, da natureza da profissão como tal e das solicitações da realidade.

A técnica reporta-se às atividades produtivas do mundo concreto, exigindo a manipulação dos meios instrumentais para a realização dos objetivos ligados à mudança e/ou à transformação da realidade. É uma das expressões do conhecimento humano e traduz um modo de trabalho e de produção. É também uma maneira de realizar alguma coisa de forma hábil, é o como fazer alguma coisa para solucionar eficientemente e de maneira vantajosa uma situação-problema específica.

Ao ler Aristóteles, percebe-se já a distinção entre a técnica e a ciência. A técnica é concebida como uma forma de conhecimento razoado, entendida como arte, constituindo-se verdadeiros saberes. Entretanto, as técnicas não podem ser confundidas com as ciências, porque estas contêm as possibilidades demonstrativas e/ou explicativas da realidade (Granger, 1994).

Quando, diz Aristóteles, "julgamos que tal remédio trouxe alívio ao indivíduo Kallias quanto a tal doença e que ele alivia também a Sócrates, assim como a outros que sofrem do mesmo mal, trata-se de uma experiência. Mas se julgamos que esse remédio trouxe alívio a todos que sofreram do mal — consideramos, então, sob um conceito único os fleumáticos, os biliosos etc. —, trata-se de arte" (1981:10).

A arte, como tenta traduzir esse texto, diz respeito à mudança e aos aspectos contingentes do individual, diante da necessidade de criar meios e formas operacionais de atuar, de intervir em um objeto.

Perante o quadro de instrumentação da ação própria à atividade técnica, distingue-se a técnica comum da técnica científica.

No que tange à técnica comum, a ação é realizada ao acaso por meio de improvisação de ensaios e erros conseqüentes de experiência cotidiana. Há um intermediário que operacionaliza a realidade, sem saber o porquê, o como, as causas e os efeitos da produção: mais precisamente, esse intermediário não elabora relações plausíveis entre o conhecer e o produzir. É a "ação pela ação". Por analogia, imaginemos o pedreiro que faz uma construção e que é colocado como intermediário do cientista ou do técnico da ciência que, dominando os critérios de cálculos, medidas e estéticas, faz daquele o executor da ação de construir.

Quanto à técnica científica, a prática tem correspondência racional, causal, explicativa e compreensiva justificada na respectiva ciência que formaliza a formação profissional. Trata da utilização dos conhecimentos expressos pelas teorias e leis sistematizadas para a obtenção de resultados desejados. Explicando, diz-se que o médico, baseando-se em seus conhecimentos da ciência advindos da anatomia, biologia, fisiologia etc., procede a uma intervenção (técnica) cirúrgica.

Constatam-se, freqüentemente, identificações ou confusões que o homem comum ou o estudioso iniciante fazem entre ciência e técnica. Essa ocorrência é devida às expectativas que o público tem em relação às aplicações práticas.

Isso acontece porque as instituições de ensino e até mesmo as de nível universitário têm-se dedicado ultimamente muito mais a formar técnicos de todos os níveis do que a orientar e a construir o desenvolvimento da inteligência. Acresce-se que os alunos e o público, na maioria das vezes, estão mais motivados em adquirir informações científicas do que em ter formação e informação sobre ciência.

No primeiro caso, estão presentes, direta e/ou indiretamente, as conseqüências do imediatismo da competência profissional legal para o exercício de um trabalho competente, o saber para agir, enquanto no segundo caso há o contexto epistemológico da ciência que exige o saber pela busca, pela obtenção da consciência da ciência (conhecimento).

Genericamente, a técnica é o manejo do conceito; é o exercício da investigação e da intervenção sobre o objeto para atingir resultados práticos compatíveis com as exigências situacionais de mudanças.

Como função, a técnica utiliza as orientações fornecidas pela ciência sobre a realidade e as transforma em programas e planos de execução. Salienta-se que a ciência, por sua vez, utiliza-se da técnica porque ela é construída a partir da investigação e da pesquisa, as quais exigem precisão e instrumental técnico adequado às circunstâncias dos fatos, à coleta e à avaliação dos dados.

Como conseqüência, constata-se que entre ciência e técnica não há uma ruptura epistemológica, mas um encadeamento. Há técnica para o conhecer e técnica para o agir. Completa-se que o pólo técnico do conhecimento reporta à observação, à intervenção, aos experimentos, à verificação, além de referendar momentos próprios à interpretação, explicação e até ação dos dados trabalhados.

## O progresso científico

O progresso das ciências se dá por processos de renovação e pela invenção, contudo sem deixar de considerar o conhecimento anteriormente assimilado por elas. É essa evolução que, partindo da revisão do conhecido ou da crítica das explicações sobre fenômenos, conduz ao progresso científico.

Gilles Granger afirma que esse progresso está relacionado com a extensão de um campo de conhecimento, bem como com uma precisão e compreensão mais aperfeiçoadas (1994). Esses elementos podem estar ligados a um maior desenvolvimento e aprofundamento dos instrumentos, teóricos e práticos, utilizados nas pesquisas científicas. Uma compreensão melhor dos fenômenos só pode ser obtida pela formulação e criação de novos conceitos, orientados pelo paradigma de pensamento que tomamos como referência.

Fazendo referência à questão do paradigma científico, é importante conceituá-lo e explicar qual é o seu significado para a compreensão científica da realidade.

A noção de paradigma se deve a Thomas Kuhn, que o tem como "uma estrutura mental que serve para classificar o mundo e poder abandoná-lo"(1978:103). Explicitando melhor esse conceito, valemo-nos do exemplo declinado por Gerard Forrez: "se quisermos efetuar uma pesquisa no domínio da saúde, é preciso, para começar, já possuir algumas idéias a respeito da questão. A disciplina que nascer dessas pesquisas sobre a saúde irá se estruturar em torno dessas idéias prévias. O conceito de 'saúde' não cai do céu, mas provém de uma certa maneira de contar o que vivemos por meio de relatos que todos conhecemos e que dizem o que é, para nós, concretamente, estar com boa saúde. Ainda esclarecendo, podemos perceber que, por exemplo, o aperfeiçoamento dos telescópios e do instrumental de observação dos objetos celestes contribuiu para um progresso da astronomia e permitiu o surgimento da astrofísica" (1995:103).

Mas foi o novo conceito sobre a relatividade geral que possibilitou o cálculo com precisão do avanço secular do periélio de Mercúrio.

Assim, para caracterizar o progresso de uma ciência, além de buscar historicamente as formas e os procedimentos segundo os quais ela se produziu, devemos não só valorizar o uso de instrumentais recentes para levantamentos e/ou descobertas de fatos novos, no caso das ciências, das empíricas ou factuais, mas também a construção de ferramentas conceituais, chegando à elaboração de categorias analíticas que definam um campo novo, no interior desse conhecimento científico já estabelecido, abrindo caminhos para seu desenvolvimento e progresso.

Demo afirma que a sociedade organizará dois sistemas conjugados em termos de conhecimento científico, a partir deste século: o 'sistema de produção', com lugar apropriado nas universidades, e o 'sistema de socialização' desse conhecimento, produzindo através, principalmente, da instituição eletrônica e, complementaríamos, da telemática (1997:62).

Hoje, os avanços tecnológicos empregados na difusão e recuperação da informação contribuem significativamente para diminuir a distância entre intelectuais, cientistas, pesquisadores e informações desejadas.

## A informática e a pesquisa

A informática está presente no nosso cotidiano por meio de microcomputadores, caixas eletrônicos dos bancos, videogames, celulares etc. Ela pode contribuir para estimular o ensino e serve como instrumento de trabalho, de comunicação, pesquisa e lazer. O conhecimento de ferramentas especializadas pode facilitar a tarefa de coletar, sistematizar e analisar dados. Às vezes, o mesmo site pode ser utilizado para pesquisar qualquer assunto em qualquer lugar do mundo globalizado, possibilitando enviar mensagens, ceder e obter informações, chegando até à possibilidade de fazer compras.

## A REDE MUNDIAL DA INTERNET

A Internet é uma rede pública mundial de computadores interconectados. Os meios de ligação entre os computadores conectados à Internet são os mais variados, por exemplo: rádio, linhas digitais, satélite, fibras ópticas, wireless, cabo, power line, linha telefônica etc. O primeiro objetivo de uma rede de computadores é compartilhar recursos, tais como uma impressora com mais de um usuário e arquivos — enquanto o computador isolado, 'stand alone', limita o usuário a acessar as informações gravadas em seu disco rígido. Hoje a Internet é usada para envio de e-mail e mensagens instantâneas, divulgação de produtos e serviços via sites direcionados e malas-diretas, educação a distância, criação de fóruns de discussão e chats, além de vários outros propósitos.

Ela possibilita o acesso a bancos de dados poderosos, em termos de acervo bibliográfico e de volume de informações abrangidas. Os estudantes podem, além de fazer uso desse instrumental precioso para a pesquisa, mostrar sua própria capacidade on-line, divulgando suas obras para o mundo inteiro. Os resultados de sua pesquisa podem ser publicados, na rede, sem depender do julgamento de conselhos editoriais de revistas ou, por exemplo, da publicação de livros.

Especialistas da área de informação afirmam que a revolução nas comunicações está só no começo e é impossível prever, exatamente, como será o futuro, dependendo, muitas vezes, mais dos próprios usuários, que vão desenvolvendo modalidades diferentes e criativas de uso e acesso às redes.

A informação só tem sentido quando está integrada a alguma contextualização. Ela não tem valor isoladamente. O indivíduo raramente busca a informação por ela mesma. A busca está sempre relacionada a uma demanda de solução de determinado problema ou à tomada de decisões, à pesquisa por diversos objetivos.

Dessa forma, os usuários dessa tecnologia à disposição, sejam pesquisadores inativos, sejam ativos, orientados de acordo com a situação, podem construir suas pesquisas com uma abordagem mais qualitativa e mais ampla.

## SERVIÇOS COLOCADOS À DISPOSIÇÃO PELA INTERNET

- E-mail ou correio eletrônico: método que permite criar, enviar e receber mensagens através de um sistema eletrônico de comunicação. As pessoas conectadas à rede podem possuir um endereço eletrônico, que facilita a comunicação e a troca de mensagens.
- O Internet RelayChat: fórum de discussão em que pessoas do mundo todo podem participar "conversando" on-line, sem pagar por uma ligação internacional. É considerado um serviço divertido da net pela realização de demorados bate-papos.

- Browser: a ferramenta mais importante para o usuário "navegar" pela web. É com ele que se podem visitar museus, ler revistas eletrônicas, fazer compras etc. Contemporaneamente, os navegadores disponíveis são: Netscape, Firefox, Opera e Explorer.
- 'www': abreviação do inglês '*world wide web*' ('teia de alcance mundial') ou simplesmente a web — é o ambiente multimídia da Internet, que reúne texto, imagem, som, vídeo e movimento, com a finalidade de possibilitar a navegação através dos links.
- MSN Messenger: programa de mensagens instantâneas muito popular na Internet, que permite conversar em tempo real com mais de uma pessoa ao mesmo tempo.
- YouTube: site da Internet que permite que seus usuários carreguem, vejam e compartilhem vídeos em formato digital.
- Orkut: comunidade virtual afiliada ao site de busca Google, criada com o objetivo de ajudar seus membros a fazer novas amizades e manter relacionamentos.

É importante saber que, para acessar a Internet, o pesquisador precisa ter um computador equipado com modem (equipamento que liga o computador à linha telefônica) e linha telefônica, além de estar cadastrado em um provedor de acesso. Existem muitos provedores em funcionamento no país, e muitas universidades públicas e privadas também vêm prestando esse tipo de serviço.

Ensinar a pesquisar com a utilização da Internet exige uma forte dose de persistência do professor e do estudante. Mas ela é necessária, pois não se concebe, na atualidade, a pesquisa científica à margem da informática e de suas funções, uma vez que esta caracteriza um novo recurso para a pesquisa bibliográfica e documental.

O importante é saber lidar com o grande volume de informações que o estudante vai encontrar. Assim, torna-se necessário selecionar, filtrar, avaliar e comparar as informações que são obtidas por meio da informatização. Navegar por muitos sites disponíveis é fascinante, mas é fundamental observar que há muita cópia de forma e conteúdo nesses sites. É preciso ainda saber que o início de buscas on-line se dá pela indicação das 'palavras-chave' de interesse ou de expressões em sites que prestam esse tipo de serviço. Entre eles, podemos citar:

a) Sistemas de busca nacionais:
- www.cade.com.br;
- www.aonde.com.br;
- www.yahoo.com.br;
- www.achei.net;

- www.radaruol.com.br;
- www.google.com.br.

b) Sistemas de busca internacionais:
- www.google.com;
- www.yahoo.com;
- www.altavista.com;
- www.excite.com.

c) Dicionários:
- pt.wiktionary.org: projeto colaborativo para produzir um dicionário poliglota livre em português, com significados, etimologias e pronúncias;
- www.dicionarioinformal.com.br: dicionário gratuito para Internet, no qual as palavras são definidas pelos usuários.

d) Enciclopédias:
- www.wikipedia.org: enciclopédia livre baseada em *wiki* e escrita por voluntários;
- www.elibrary.com: banco de pesquisa eletrônica — digita-se uma questão e o recurso vasculha centenas de revistas, livros, jornais e fotografias;
- www.eb.com: acesso à *Enciclopédia Britânica* em sua versão virtual;
- www.uol.com.br/bibliot: conduz o pesquisador a uma dezena de páginas brasileiras de referência, tais como enciclopédias, bancos de informações, jornais, revistas e dicionários.

e) Livros on-line:
- www.books.google.com;
- www.ebookcult.com.br;
- www.clube-positivo.com/biblioteca/livros.htm.

Apesar de toda essa fascinante e avançada tecnologia à nossa disposição para a pesquisa e conseqüente construção de conhecimento científico, deve-se ressaltar que nossa mente é a melhor tecnologia, superior em complexidade e possibilidades ao melhor e mais veloz computador. Ao pensar e refletir criticamente, ao sentir, ao utilizar a intuição e o raciocínio lógico, ao criar, devemos colocar essas tecnologias a serviço da maior comunicação e interação entre os homens.

# CAPÍTULO 5

# Método, teoria e lei científica

## Considerações gerais

Levando em conta os elementos já expostos nos capítulos anteriores, reforça-se a concepção de que a ciência é um procedimento metódico, cujo objetivo é conhecer e interpretar a realidade, intervindo nela e tendo como diretriz problemas formulados que sustentem regras e ações adequadas à constituição do conhecimento.

O método não é único e nem sempre o mesmo para o estudo deste ou daquele objeto e/ou para este ou aquele quadro da ciência, uma vez que reflete as condições históricas do momento em que o conhecimento é construído (Andery et alii, 1996:4). Somente à base dessa reflexão o pesquisador conseguirá compreender o plano histórico e dinâmico do conhecimento científico.

Assim, os métodos científicos são as formas mais seguras inventadas pelo homem para controlar o movimento das coisas que cerceiam um fato e montar formas de compreensão adequada dos fenômenos.

É necessário, contudo, explicitar o que é 'fato' e 'fenômeno' dentro da perspectiva a ser considerada para a aplicação dos métodos científicos como formas de abordagem e de estudo. Os fatos acontecem na realidade, independentemente de haver ou não quem os conheça, mas, quando existe um observador, a percepção que ele tem desses fatos é que se chama 'fenômeno'. Pessoas diversas podem observar no mesmo fato fenômenos diferentes, dependendo de seu paradigma que, de uma ou de outra forma, acaba por servir de base para a formulação de concepções e referenciais sobre as relações do homem com o mundo e sobre a existência humana percebida em sua dinâmica internacional de mútua e constante transformação. Assim, a possibilidade de propor determinadas teorias e critérios para aceitação ou não de determinados procedimentos na e para a produção científica reflete aspectos mais gerais e fundamentais do próprio método. A mudança das concepções filosóficas e teóricas implica, necessariamente, uma nova forma de ver a realidade, bem como um diferente modo de atuação para a obtenção do conhecimento, uma transformação no próprio conhecimento.

Dentro dessas considerações, e somente à base delas, é viável reportar aos conceitos sobre a produção científica referentes ao que se denominam 'modelos' e 'paradigmas'. Caso o pesquisador faça as suas análises segundo os conceitos ligados a modelos, é bem provável que o conhecimento obtido venha a gerar os planos da experimentação, da abstração e da busca das generalizações que permeiam as leis científicas.

Pode-se dizer que os modelos são embasados por linhas não só fechadas no racionalismo como também amarradas à quantificação, ao pragmatismo, ao positivismo, ao tecnologismo.

Quanto aos paradigmas, estes constituem-se em referenciais teóricos que servirão de orientação para a opção metodológica de investigação.

No quadro dos paradigmas, mesmo se estes forem constituídos por construções teóricas, não há cisão entre teoria e prática ou entre teoria e lei científica, porquanto um e outro coexistem gerando o que se pode denominar 'praxiologia'.

Nesse sentido, as noções de 'lei', de 'teoria', dirigidas para os conceitos de 'verdade' e 'generalidade absoluta', tornaram-se caóticas quando se fundamentou a compreensão da ciência a partir do movimento sócio-histórico da realidade refletida agora e sempre.

Em relação ainda à questão do método científico, este é a expressão lógica do raciocínio associada à formulação de argumentos convincentes. Esses argumentos, uma vez apresentados, têm por finalidade informar, descrever ou persuadir sobre um fato. Para isso, uma pessoa utiliza termos, conceitos e definições.

'Termos' são palavras, declarações, significações convencionais que se referem a um objeto.

O 'conceito' é a representação, expressão e interiorização daquilo que a coisa é (compreensão). Trata-se da idealização do objeto. É uma atividade mental que conduz um conhecimento, tornando não apenas inteligível essa pessoa ou essa coisa, mas todas as pessoas e coisas da mesma época (Rudio, 1979:20).

A 'definição' é a manifestação e apreensão dos elementos contidos no conceito, tratando de decidir em torno do que se duvida e/ou do que é ambivalente.

Saber utilizar adequadamente termos, conceitos e definições significa metodologicamente expressar na ciência aquilo que o indivíduo sabe que quer transmitir.

## Origem dos principais métodos científicos

São Tomás de Aquino foi um dos primeiros a interpretar a metafísica e a ciência material (Aristóteles) com os dogmas revelados pelo cristianismo no século XIV.

A preocupação em descobrir e explicar a natureza vem desde os primórdios da humanidade. Os atuais sistemas de pensamento científico são o resultado de toda uma tradição de reflexão e análise voltadas para a explicação das questões que se referem às forças da natureza que subjugaram os homens e a morte.

À medida que o conhecimento religioso também se voltou para a explicação desses fenômenos, com base nas concepções revestidas de fundo dogmático, baseadas em relações da divindade, o caráter da verdade foi impregnado dessas noções supra-humanas.

O conhecimento filosófico, porém, volta-se para o estudo racional dessas mesmas questões, na tentativa de captar a essência imutável do real, da compreensão das leis da natureza pela investigação racional.

No século XVI, surgiu uma forma de pensamento que propunha encontrar um conhecimento embasado em maiores certezas na procura do real.

Assim, esse século ficou marcado pelas alterações de várias teorias astronômicas. Deu-se a revolução copernicana com a publicação de *As revoluções dos orbes celestes*, em 1543, com o advento de novas hipóteses (Ferrari, 1982:20). Pelo sistema astronômico grego, a Terra estaria imóvel no centro do universo e em torno dela girariam o Sol, a Lua, os planetas conhecidos e as estrelas. Na teoria copernicana, a Terra não é o centro do universo, mas o Sol (heliocentrismo). A visão copernicana ainda tinha muito de medieval. Um dos pontos de vista de Nicolau Copérnico era que o Sol simbolizava a "luz de Deus" e, conseqüentemente, não seria certo considerar a Terra o centro e o Sol girando em volta dela.

Os trabalhos de Johannes Kepler e Galileu Galilei vieram demonstrar que a astronomia era uma parte da física. Foi Galileu quem submeteu a teoria de Copérnico à nova prática do telescópio, mas combinou a observação e a indução com a dedução da matemática pela experiência, inaugurando assim o verdadeiro método da pesquisa física.

O primeiro a desenvolver estudos sobre a sistematização das atividades no âmbito do conhecimento científico foi Galileu, "o primeiro teórico do método experimental".

As ciências para Galileu têm como foco principal as relações quantitativas. Ele discordou dos seguidores de Aristóteles, que consideravam que o estudo do conhecimento da essência íntima das substâncias individuais deveria ser substituído pelo conhecimento da lei que preside os fenômenos.

A experiência científica desde então vem sendo usada para procurar metodicamente uma resposta que já se sabe mentalmente qual é. O método de Galileu pode ser chamado de 'método de indução experimental', que chega a uma generalização por meio das fases de:

a) observação dos fenômenos;
b) análise dos elementos que compõem os fenômenos;
c) indução de hipóteses;
d) verificação de hipóteses aventadas por intermédio das experiências;
e) generalização do resultado das experiências;
f) confirmação das hipóteses obtendo-se leis gerais.

Isaac Newton foi um ativo pesquisador experimental. Nascido no ano da morte de Galileu, em 1642, utiliza, em sua obra *Principia*, os procedimentos dedutivos. A criação do método hipotético-dedutivo lhe é atribuída, pois freqüentemente tinha de demonstrar as fórmulas matemáticas dos seus trabalhos. Newton sustentava-se em um processo de reflexão que se evidenciava nas suas três regras de raciocínio:

a) procedimentos simples e familiares — simplicidade;
b) uniformidade da natureza — conclusões da analogia;
c) reformulação das duas primeiras regras, objetivando-se a busca de outras conclusões.

David Hume, um filósofo escocês do século XVIII, investe adequadamente contra a noção de relacionamento entre efeitos e causas. Apresenta uma argumentação contra a causalidade. Para Hume, conhecemos um fenômeno e outro que o antecede, com sugestiva aproximação. O conhecimento sensível não revela dois fenômenos que guardam entre si a relação de antecedente e conseqüente, mas dizer que entre eles há uma relação de produção (o primeiro produz o segundo) é uma construção da mente humana.

Muitos outros filósofos criticaram o critério da causalidade instituído por Francis Bacon. Contemporaneamente, a noção de 'causa e efeito' foi substituída pela concepção que admite o conhecimento científico como aquele que busca investigar as relações de função existentes entre fenômenos. Por exemplo, em função da elevação da temperatura, a água entra em ebulição. Isso é o máximo que a observação concreta nos permite afirmar (Jolivet , 1957:28).

É inegável, porém, que foi com Hume que o empirismo logrou transformar-se em uma nova cosmovisão.

O século XVIII é caracterizado como um século de otimismo histórico, em que se solidificaram todas as construções do racionalismo experimentalista, a razão como instrumento supremo do homem.

Para Bacon, o conhecimento científico é o único caminho seguro para a verdade dos fatos. Como Galileu, critica Aristóteles por considerar que o silogismo e o processo de abstração não propiciam um conhecimento completo do universo. Aponta

## Método, teoria e lei científica

como essenciais a observação e a experimentação dos fenômenos. Sua obra *Novum organum* abre o caminho para a investigação da natureza pela experimentação. Seu método é composto dos seguintes passos:
  a) Experimentação: fase em que o cientista deve realizar experimentos acerca do problema estudado para poder observar e registrar sistematicamente todas as informações possíveis de ser coletadas.
  b) Formulação das hipóteses: com base nos experimentos e na análise dos resultados obtidos, as hipóteses procuram explicitar a relação causal entre os fatos.
  c) Repetição: a repetição dos experimentos tem por finalidade acumular dados que servirão para o surgimento e a formulação de hipóteses.
  d) Teste das hipóteses: por meio da repetição dos experimentos, testam-se as hipóteses, buscando-se novos dados, bem como as evidências que os confirmam.
  e) Formulação de generalizações e/ou leis após ocorrerem todas as fases anteriores: baseado nas evidências, o cientista formula as leis que descobriu.

Bacon sugeriu as seguintes regras para a experimentação (Cervo e Bervian, 1996:31):
  a) Alargar a experiência: aumentar pouco a pouco, tanto quanto possível, a intensidade da suposta causa para ver se a intensidade do fenômeno (efeito) cresce na mesma proporção.
  b) Variar a experiência: significa aplicar a mesma causa a objetos diferentes.
  c) Inverter a experiência: aplicar a causa contrária da suposta causa a fim de ver se o efeito contrário se produz.
  d) Recorrer aos casos da experiência: é preciso recorrer aos casos da experiência de ensaio para verificar o que se pode obter no conjunto das experiências.

O método da experimentação proposto por Bacon é denominado 'método das coincidências constantes'. O método das coincidências constantes postula que o aparecimento de um fenômeno tem uma causa necessária e suficiente. Assim, sempre à presença dessa causa do fenômeno, estaremos determinando experimentalmente sua causa ou lei.

O método de Bacon pode assim ser sistematizado: aparecendo a causa, dá-se o efeito; retirando-se a causa, não se dá o efeito; variando-se a causa, altera-se o efeito.
Ou seja:

$$C \longrightarrow \text{efeito } C1 \longrightarrow E1$$

Para a realização das experimentações, Bacon sugere três tábuas:
a) Tábua da presença: nela são anotadas todas as circunstâncias da produção do fenômeno cuja causa se procura.
b) Tábua da ausência: anotam-se todos os casos em que o fenômeno não se produz. Devem-se constatar e anotar os antecedentes presentes e ausentes.
c) Tábua dos graus: nela são anotados todos os casos com variações da intensidade dos fenômenos e os antecedentes que com eles também variam.

René Descartes, em sua obra *Discurso do método*, afasta-se dos processos indutivos e faz surgir o método dedutivo. Estabelece quatro regras fundamentais (Hegenberg, 1976:117-9):
a) Regra da evidência: não acolher como verdadeira coisa alguma que não se reconheça evidentemente como tal.
b) Regra da análise: dividir cada uma das dificuldades em quantas partes forem necessárias para melhor resolvê-las.
c) Regra da síntese: conduzir ordenadamente o pensamento, principiando com os objetivos que não se disponham de forma material em seqüência de complexidade crescente.
d) Regra da enumeração: realizar sempre enumerações cuidadosas e revisões gerais para que não ocorram erros de interpretação.

Para compreender melhor o método cartesiano, faz-se necessário que uma explicação complementar sobre 'análise' e 'síntese' seja dada.

A análise é o processo de decomposição de um todo em suas partes constitutivas. É um processo que caminha do mais complexo ao menos complexo. A síntese é a reconstrução do todo decomposto pela análise, ou seja, parte do mais simples para o mais complexo. A análise e a síntese são necessárias pois, para vencer o grande obstáculo de compreensão da complexidade dos objetos, necessita-se da capacidade de penetração no objeto. Sem a análise, o conhecimento é incompleto. À análise deve obrigatoriamente seguir-se a síntese.

Existem dois tipos de análise e síntese:
a) Análise e síntese experimentais: operam sobre fatos ou seres concretos, materiais e imateriais. Conforme o objeto, são feitas:
• por intermédio de uma separação real, quando possível por meio de uma reunião de partes (nos objetos materiais) — aplicadas nas ciências naturais e sociais;

- pela separação e reconstituição mentais, quando se trata do estudo da natureza dos objetos não materiais e de fenômenos supra-sensíveis — muito empregadas nas ciências humanas, principalmente ciências psicológicas.

b) Análise e síntese racionais: operam não mais sobre seres e fatos, mas sobre idéias e verdades mais ou menos gerais. São feitas por meio da redução, isto é, reduz-se essencialmente o problema proposto a outro mais complexo (simples) já resolvido, deduzindo-se, por via de conseqüência, a solução desejada. Há dois modos para resolver o mesmo problema:
- partir de soluções do problema, supondo-o resolvido, e remontar, por transformações e simplificações sucessivas, até o princípio de que é uma aplicação particular (do mais complexo ao mais simples — análise);
- partir do princípio e descer, de conseqüência em conseqüência, até a solução do problema (do mais simples ao mais complexo — síntese) (Cervo e Bervian, 1996:43-44).

## Os métodos científicos nas concepções atuais

Na história da metodologia do conhecer, muitas modificações foram feitas baseadas no surgimento de novas concepções filosóficas físicas e sociais. Dessa forma, qualquer que seja o método científico, esse campo da investigação deve cumprir, segundo Mário Bunge, estas etapas (Bunge, 1974:25):
a) descobrimento do problema ou lacuna em um conjunto de conhecimentos;
b) colocação precisa do problema ou ainda recolocação de um velho problema à luz de novos conhecimentos;
c) procura de conhecimentos ou instrumentos relevantes do problema (dados empíricos, teorias, aparelhos de medição, técnica de medição etc.);
d) tentativa de uma solução exata ou aproximada do problema (com auxílio de instrumento conceitual ou empírico disponível);
e) investigação da conseqüência da solução obtida;
f) prova (comprovação da solução, isto é, confronto da solução com a totalidade das teorias e das informações empíricas pertinentes);
g) correção das hipóteses, teorias, procedimentos ou dados empregados na obtenção da solução incorreta.

## Os processos do método científico

A seguir, tentaremos explicar técnicas ou processos que dizem respeito aos métodos científicos, observando as adaptações necessárias.

## Observação

Observar é aplicar atentamente os sentidos a um objeto para dele adquirir um conhecimento claro e preciso. É um procedimento investigativo de suma importância na ciência, pois é por meio dele que se inicia todo estudo dos problemas. Portanto, a observação deve ser exata, completa, sucessiva e metódica.

O bom observador é aquele que possui paciência e coragem para resistir às ânsias materiais de precipitação que todo ser humano tem em relação a conclusões rápidas. A imparcialidade também é um elemento necessário na observação dos fenômenos.

Quando se observa, deve-se não apenas ver, mas examinar, entender e auscultar os fatos. Na vida cotidiana, as pessoas observam as situações: a isso chamamos 'observação vulgar', 'espontânea' ou 'assistemática'. A observação é fonte constante de conhecimento para o homem a respeito de si, dos outros e do mundo que o cerca.

Quando podemos classificar a observação como 'científica', uma vez que a observação científica surge para complementar e enriquecer a observação comum ou vulgar?

### Formas de classificação da observação

A observação científica pode ser classificada segundo critérios de estruturação, participação do observador, número de observadores e local de realização da técnica.

No primeiro item dessa classificação, a forma de estruturação, temos 'observação assistemática' e 'sistemática'.

a) Observação assistemática: também denominada 'observação não estruturada', sem controle anteriormente elaborado e sem instrumental apropriado. Constitui-se muitas vezes, nas ciências humanas, na única das oportunidades para estudar determinados fenômenos.

b) Observação sistemática: também chamada de 'observação planejada' ou 'controlada'. Caracteriza-se por ser estruturada e realizada em condições controladas, tendo em vista objetivos e propósitos predefinidos. Utiliza normalmente um instrumento adequado para sua efetivação, além de indicar e delimitar a área a ser observada, requerendo um planejamento prévio para seu desenvolvimento.

Segundo Franz Victor Rudio, em qualquer processo de observação sistemática, devem-se considerar os seguintes aspectos ou elementos (1979:36):

a) Por que observar?
b) Para que observar?
c) Como observar?

d) O que observar?
e) Quem observar?

É necessário ainda salientar que, tanto na observação sistemática como na assistemática, o observador deve ter competência para observar e obter dados com imparcialidade, procurando controlar suas próprias opiniões e interpretações.

Segundo o critério de participação do observador, temos os seguintes tipos de observação:

a) Observação não participante: tipo de observação em que o observador permanece de fora da realidade a estudar. A observação é feita sem que haja interferência ou envolvimento do observador na situação. O pesquisador tem o papel de espectador.
b) Observação participante: o pesquisador participa da situação estudada, sem que os demais elementos envolvidos percebam sua posição de participante. O observador se incorpora natural ou artificialmente ao grupo ou comunidade pesquisados — natural, quando já é elemento desse grupo investigado.

A observação participante é às vezes criticada quando utilizada nas investigações científicas, por se considerar muito difícil assegurar a objetividade da observação.

Quando a observação é realizada por um só pesquisador, temos a chamada 'observação individual'; em determinados estudos, porém, em que há o trabalho integrado de uma equipe de pesquisadores, e estes vão a campo para efetivar as observações, então temos a 'observação em equipe'.

A observação pode ser feita perante os fenômenos encontrados na realidade social. Isto é, a observação feita no local de ocorrência do evento. Ou, então, as situações-problema, objeto de estudo, podem ser artificialmente criadas em laboratórios para que se observe a situação da variável experimental. No primeiro caso, temos a observação em campo e, no segundo, a observação em laboratório.

A técnica da observação, do ponto de vista dos estudos e trabalhos científicos, oferece a vantagem de possibilitar contato direto com o fenômeno, permitindo a coleta de dados sobre um conjunto de atitudes comportamentais. É preciso, porém, que o observador se preocupe em não criar impressões subjetivas (favoráveis e/ou desfavoráveis àquilo que observa).

## Indução

Antes de caracterizarmos a indução, convém fazer uma observação: a indução e a dedução são formas de raciocínio ou de argumentação, isto é, formas de reflexão. O raciocínio é algo ordenado, coerente, lógico e pode ser dedutivo ou indutivo.

'Indução' é um processo mental, por intermédio do qual, partindo de dados particulares suficientemente constatados, infere-se uma verdade geral ou universal não contida nas partes examinadas.

Tanto o argumento indutivo como o dedutivo fundamentam-se em premissas. O propósito básico desses argumentos é obter conclusões verdadeiras a partir de premissas verdadeiras. Assim, quando as premissas são verdadeiras, o melhor que se pode dizer é que a sua conclusão é provavelmente verdadeira (Rudio, 1979:25). Por exemplo:

O professor 1 é competente.
O professor 2 é competente.
O professor 3 é competente.
O professor N é competente.
Logo, TODO professor é competente.

Para que as conclusões indutivas sejam verdadeiras o mais freqüentemente possível e tenham, conseqüentemente, maior grau de sustentação, pode-se aproveitar o acréscimo de evidências adicionais ao argumento sob a forma de novas premissas ao lado das pesquisas consideradas.

A indução e a dedução são processos que se complementam.

Segundo Eva Lakatos (1982:47), devemos considerar três elementos fundamentais para toda indução:

a) Observação dos fenômenos: observamos os fenômenos e os analisamos com a finalidade de descobrir as causas de sua manifestação.

b) Descoberta da relação entre eles: nessa etapa, procura-se, por intermédio da comparação, aproximar os fatos ou fenômenos com a finalidade de descobrir a relação constante e existente entre eles.

c) Generalização da relação: generalizamos a relação encontrada na precedente entre os fenômenos e os fatos semelhantes, muitos dos quais ainda não observados.

## Formas de indução

a) Indução formal ou completa (de Aristóteles): seria o inverso da dedução. Ela não induz de alguns casos, mas de todos os casos de uma espécie ou de um gênero. Nesse tipo de indução, há uma simples substituição de uma coleção de termos particulares por um equivalente. Por exemplo:

Os corpos A, B, C e D se aquecem.
Os corpos A, B, C e D são todos metais.
Logo, os metais se aquecem.

b) Indução incompleta ou científica (criada por Galileu e aperfeiçoada por Bacon): fundamenta-se na causa ou na lei que rege o fato ou fenômeno, constatada em um número significativo de casos, mas não de todos. Essa indução é a alma das ciências experimentais. Esse tipo de indução, portanto, não deriva de seus elementos inferiores ou provados pela experiência, mas permite induzir de algum caso adequadamente observado em circunstância diferente da que se pode dizer dos restantes dos elementos da mesma categoria.

REGRAS DE INDUÇÃO INCOMPLETA

a) Os casos particulares devem ser provados e experimentados, na quantidade suficiente, para que possam afirmar ou negar tudo o que será legitimamente afirmado sobre a espécie, gênero, categoria etc.
b) Com a finalidade de poder afirmar com certeza que a própria natureza da coisa (fato ou fenômeno) é que provoca a sua propriedade (ou ação), além de grande quantidade de observações e experiências, é também necessário analisar (e descobrir) a possibilidade de variações provocadas por circunstâncias acidentais.

## Dedução

A dedução consiste em um recurso metodológico em que a racionalização ou a combinação de idéias em sentido interpretativo vale mais que a experimentação de caso por caso. Em termos mais simples, pode-se dizer que é o raciocínio que caminha do geral para o particular. Como já enfatizamos no item anterior sobre a indução, a dedução ou indução devem ter como pontos de partida premissas auto-evidentes.

Segundo Décio Salomon, as características básicas que distinguem os argumentos dedutivos dos indutivos são (1994:47):

| DEDUTIVOS | INDUTIVOS |
|---|---|
| • Se todas as premissas são verdadeiras, a conclusão deve ser verdadeira. | • Se todas as premissas são verdadeiras, a conclusão é provavelmente verdadeira, mas não necessariamente verdadeira. |
| • Toda a informação do conteúdo factual da conclusão já estava pelo menos implicitamente nas premissas. | • A conclusão encerra informações que não estavam implicitamente nas premissas. |

Os dois tipos de argumento têm finalidades específicas. O dedutivo tem o propósito de explicitar o conteúdo das premissas; o indutivo tem a finalidade de ampliar o alcance dos conhecimentos.

Para a metodologia, é importante entender que no modelo dedutivo a necessidade de explicação não reside nas premissas, mas na relação entre as premissas e a conclusão.

Para Amado Luiz Cervo e Pedro Alcino Bervian, o processo dedutivo é de alcance limitado, pois a conclusão não pode assumir conteúdos que excedam o das premissas (1996:40). Não se pode, porém, desprezar esse tipo de processo em consideração a essa crítica. Para desfazer tal impressão, é necessário analisar o procedimento matemático. Os seus argumentos são, na maior parte das vezes, dedutivos. Os teoremas são demonstrados a partir de axiomas e postulados (premissas). Vejamos o exemplo dedutivo:

Todo mamífero tem um coração.
Todos os cães são mamíferos.
Logo, todos os cães têm um coração.

Outra crítica que encontramos ao método dedutivo é que a dedução não é condição suficiente de explicação, como também não é condição necessária, pois muitas são as explicações que não têm nenhuma lei como premissa. A descrição dos fatos ou fenômenos pode ser feita externamente de um ponto de vista especial, sendo que essa descrição serve de explicação sem necessariamente se processar dedução alguma.

## Experimentação

A experimentação pode ser definida como um conjunto de procedimentos estabelecidos para a verificação das hipóteses. Ela sempre é realizada em situação de laboratório, isto é, com o controle de circunstâncias e variáveis que possam inferir na relação da causa e do efeito que está sendo estudada.

As hipóteses comumente enunciam uma relação de antecedência (variável independente) e conseqüência (variável dependente) entre os dois fenômenos. Na experimentação busca-se descobrir se a relação existe e qual é a proporção de variação encontrada nessa relação.

Reportando ao início deste capítulo, constatamos que Bacon pode ser considerado um dos primeiros cientistas a sistematizar o desenvolvimento da experimentação, ao elaborar o método das coincidências constantes.

Stuart Mill, mais tarde, indica um certo número de combinações que podem nos conduzir à causa determinante do surgimento dos fenômenos. Elabora, então, os métodos de exclusão que se baseiam em regras fundamentais: quando se buscam os antecedentes comuns diante da causa do fenômeno — método da concordância

— e quando se procura observar os antecedentes comuns nas situações em que o fenômeno se produz e nas situações em que ele não se produz.

## Método da diferença

O método das variações concomitantes consiste em fazer variar a intensidade da causa para verificar as variações do fenômeno. É o método de resíduos, ou seja, separando-se de um fenômeno o fator que é o efeito conhecido, o resíduo do fenômeno pode ser considerado efeito dos antecedentes que restaram.

Dentro do contexto da pesquisa experimental, há necessidade de utilizar dois ou mais grupos. O grupo em que se aplica ou se retira a variável experimental, ou variável independente, denomina-se 'grupo experimental'. O outro grupo constitui o 'grupo-controle'. Nesse grupo, não se aplica o fator experimental e, sob condições de controle, relacionam-se os resultados comparando-os com os do grupo experimental.

Em ciências sociais, existe muita restrição quanto à aplicabilidade desse tipo de procedimento. Muitos cientistas sociais afirmam que os experimentos intencionalmente programados podem trazer muitos desvios em seus resultados. Outros acreditam que precisam ainda desenvolver procedimentos e técnicas apurados para controle e observação dos experimentos.

# CAPÍTULO 6

# A pesquisa e a iniciação científicas

## Caracterização

Ao chegar à universidade, o estudante começa a receber a solicitação dos seus professores para realizar pesquisas. É necessário que o universitário pesquise livros, textos, artigos, separatas e outros recursos para a complementação dos tópicos expostos em aulas, bem como para a realização de trabalhos acadêmicos e monografias.

Em sentido amplo, 'pesquisar' significa realizar empreendimentos para descobrir, para conhecer algo. A pesquisa constitui um ato dinâmico de questionamento, indagação e aprofundamento. Consiste na tentativa de desvelamento de determinados objetos. É a busca de uma resposta significativa a uma dúvida ou problema.

Costuma-se, porém, perguntar: o que diferencia fundamentalmente a pesquisa denominada 'científica' ou 'positiva' da pesquisa 'não científica'?

Pesquisar é um fato natural e necessário a todos os indivíduos. Contemporaneamente, a pesquisa tornou-se uma atividade comum não só entre os cientistas, mas para todas as pessoas atuantes na sociedade. O administrador de empresas utiliza a pesquisa para aprimorar métodos de produção, nível de organização e lucratividade das empresas. O professor, o comunicólogo, o aluno e o consumidor podem, dentro de sua área de ação, tomar a pesquisa como um meio para estudo e diagnóstico das suas dificuldades e/ou possibilidades.

Porém, para que a pesquisa receba a qualificação de 'científica', ela deve ser efetivada pela utilização da metodologia científica e de técnicas adequadas para a obtenção de dados relevantes ao conhecimento e à compreensão de dado fenômeno.

Para que haja pesquisa científica, segundo Pedro Marinho, é preciso que "se adote uma metodologia meticulosa, compreendendo uma série de etapas encadeadas segundo uma seqüência rigorosamente lógica, com certa rigidez quanto à seleção da amostra, quanto ao tamanho da amostra, e um controle sistemático e constante no que se refere à validade interna e externa na técnica operacional do trabalho" (1980:18).

O conhecimento obtido pela investigação científica contribuirá para a ampliação do conhecimento já acumulado, bem como para a construção, reformulação e transformação de teorias científicas.

Por meio da pesquisa, chega-se a um conhecimento novo ou totalmente novo, isto é, o pesquisador pode aprender algo que ignorava anteriormente, porém que já era conhecido por outro, ou chegar a dados desconhecidos por todos. Pela pesquisa, chega-se a uma maior precisão teórica sobre os fenômenos ou problemas da realidade.

Para os iniciantes em pesquisa científica, o mais importante deve ser a preocupação na aplicação dos métodos científicos em vez de propriamente a ênfase nos resultados obtidos. O objetivo dos principiantes deve ser a aprendizagem quanto à forma de percorrer as fases da pesquisa científica e à operacionalização de técnicas de investigação. À medida que o pesquisador amplia o seu amadurecimento na utilização de procedimentos científicos, torna-se mais hábil e capaz de realizar pesquisas científicas. Isso significa que a persistência é necessária e que o lema é "aprender fazendo". Não existem receitas mágicas para a realização de pesquisas. O principiante precisa ter em mente que toda investigação pode originar resultados falíveis. Não se deve desencorajar ante as dificuldades surgidas no processo de pesquisa. "É melhor ter trabalho de pesquisa imperfeito que não ter trabalho nenhum" (Richardson, 1985:15).

As pesquisas devem contribuir para a formação de consciência crítica ou de espírito científico no pesquisador.

O estudante, apoiando-se em observações, análises e deduções interpretadas pela reflexão crítica, vai, paulatinamente, formando o seu espírito científico.

O espírito científico não é inato. A sua edificação e o seu aprimoramento são conquistas que o universitário obtém ao longo dos seus estudos, da elaboração de trabalhos acadêmicos e pesquisas científicas.

Para Franz Victor Rudio, a pesquisa pode receber a qualificação de 'científica' quando é realizada com método próprio e com técnicas específicas. É preciso que a pesquisa se volte para a realidade empírica e que os seus resultados possam ser comunicados (1979:9).

O termo 'realidade' refere-se a tudo o que existe, e 'empírico' refere-se à experiência. Portanto, tudo aquilo que existe e pode ser apreendido através da experiência denomina-se 'realidade empírica'.

A realidade é um todo contínuo, complexo e dinâmico. Toda pesquisa parte da observação da realidade e deve retornar a ela para aplicar e testar seus resultados ou para delimitar novos fenômenos para o estudo.

A pesquisa científica consiste na observação dos fatos tal como ocorrem espontaneamente, na coleta dos dados e no registro de variáveis presumivelmente relevantes para análises posteriores. Sem pesquisa não há progresso. A pesquisa é um processo reflexivo, sistemático, controlado e crítico que nos conduz à descoberta de novos fatos e das relações entre as leis que regem o aparecimento ou a ausência deles.

## Ética e legitimidade do saber

O que se pretende, neste livro, é desmistificar a idéia de que realizar uma pesquisa científica é um ato extremamente difícil e possível somente aos grandes intelectuais. Ou seja, pretende-se orientar o universitário que se atemoriza perante a expectativa de encontrar bloqueios e dificuldades desde o início do processo da pesquisa até a realização do relatório final com a apresentação de resultados.

Sabe-se que todo trabalho de pesquisa requer imaginação criadora, iniciativa, persistência, originalidade e dedicação do pesquisador. Porém, todo estudante que vá aos poucos criando hábitos sistematizados de estudo e montagem de documentação percorrerá as fases do método de pesquisa sem grandes dificuldades.

Na verdade, a pesquisa científica não pode ser fruto apenas da intuição do indivíduo, exigindo a admissão de procedimentos metodológicos e de técnicas, como já foi dito. O método deve ser visto como uma orientação, uma indicação de caminho, e não como um roteiro formal forçado que conduz a resultados automáticos.

A pesquisa deve ser fundamentalmente uma "obra de criatividade, que nasce da intuição do pesquisador e recebe a marca de originalidade, tanto no modo de apreendê-la como no de comunicá-la" (Rudio, 1979:15).

Em nosso país, porém, uma reflexão deve ser feita diante das considerações comumente existentes na "comunidade científica", ou seja, a de aceitar como mais legítimos os resultados de uma pesquisa, levando-se em conta prioritariamente o peso da instituição em que é realizada ou, ainda, o nível de conhecimento que se tem sobre o intelectual como pesquisador e a comunidade científica à qual pertence. Esse fato condicionador inibe os pesquisadores iniciantes, dificultando-lhes a obtenção de maiores incentivos para a realização de suas investigações.

A competência para realizar pesquisas científicas não deve ser medida e/ou considerada como resultado da somatória de trabalhos e estudos efetivados, mas deve estar relacionada ao 'como captar' e 'como compreender' os fatos da realidade. O método é importante para atingir a realidade, porém não é condição suficiente para garantir o êxito da pesquisa.

Com essas interpretações, não pretendemos deixar de evidenciar ou considerar que, para consolidar a competência de pesquisadores em determinadas instituições, foi necessário percorrer um difícil e longo caminho. Contudo, encontramos centros de pesquisa que se estabeleceram e desenvolveram suas experiências em curto espaço de tempo, principalmente com relação à realização de estudos nas áreas de informática e biomédicas, respondendo mais prontamente a uma série de problemáticas que dificultavam o desenvolvimento tecnológico do país, por exemplo.

Entretanto, nossa realidade é tão carregada de situações-problema que não foram ainda totalmente abordadas ou classificadas que existem espaços e objetos de estudo para todos aqueles que se propõem a conduzir com seriedade e responsabilidade o processo de uma pesquisa científica.

A tentativa de entrosamento com pesquisadores já reconhecidos pela comunidade científica se faz necessária no sentido de avaliar as propostas de estudo, analisando as condições de viabilidade técnica, política, lógica e financeira para realizar a investigação.

Por 'viabilidade técnica' seria considerada e examinada a metodologia definida para o estudo. Os métodos e técnicas indicados seriam avaliados em relação à tipologia e às delimitações de problemas focalizados, bem como aos objetivos e às hipóteses de estudo.

Por 'viabilidade política', poderia ser discutida a relevância da pesquisa, tomando-se por base a realidade emergencial contemporânea, a inter-relação do estudo projetado com as pesquisas já realizadas anteriormente e as contribuições da pesquisa na busca de soluções para o problema.

A 'viabilidade lógica' diz respeito à formulação do quadro teórico-conceitual de base da pesquisa. O pesquisador que não possui condições de estabelecer os conceitos, definições, raciocínios e juízos sobre o objeto de estudo não terá também possibilidade de interpretar corretamente os dados obtidos ao proceder à investigação.

A 'viabilidade financeira' precisa ser observada até em relação às pesquisas de pequena dimensão, pois, em todos os projetos de pesquisa, os gastos serão efetivados ou com material de escritório ou com a realização de missões científicas na busca de informações.

## Tipologia da pesquisa

### Classificação da pesquisa segundo as formas de estudo

Segundo as formas de estudo do objeto de pesquisa, esta pode ser classificada em 'pesquisa descritiva', 'pesquisa experimental' e 'pesquisa-ação'.

#### A PESQUISA DESCRITIVA

Nesse tipo de pesquisa, não há a interferência do pesquisador, isto é, ele descreve o objeto de pesquisa. Procura descobrir a freqüência com que um fenômeno ocorre, sua natureza, características, causas, relações e conexões com outros fenômenos.

A pesquisa descritiva engloba dois tipos: a 'pesquisa documental' e/ou 'bibliográfica' e a 'pesquisa de campo'.

## Pesquisa bibliográfica

A pesquisa bibliográfica é a que se efetua tentando-se resolver um problema ou adquirir conhecimentos a partir do emprego predominante de informações advindas de material gráfico, sonoro e informatizado.

Para realizar uma pesquisa bibliográfica, é fundamental que o pesquisador faça um levantamento dos temas e tipos de abordagem já trabalhados por outros estudiosos, assimilando os conceitos e explorando os aspectos já publicados. Nesse sentido, é relevante levantar e selecionar conhecimentos já catalogados em bibliotecas, editoras, Internet, videotecas etc. De forma geral, esse tipo de pesquisa está vinculado à biblioteconomia.

Essa tipologia de pesquisa pode atender aos objetivos do aluno na sua formação acadêmica como pode gerar a construção de trabalhos inéditos daqueles que pretendem rever, reanalisar, interpretar e criticar considerações teóricas, paradigmas e mesmo criar novas proposições de explicação de compreensão dos fenômenos das mais diferentes áreas do conhecimento.

No processo de formação do acadêmico, a pesquisa bibliográfica é de grande eficácia porque lhe permite obter uma postura científica quanto à elaboração de informações da produção científica já existente, quanto à elaboração de relatórios e quanto à sistematização do conhecimento que lhe é transmitido no dia-a-dia.

A aprendizagem dentro da universidade se dá, principalmente, por meio do fazer, ou melhor, encaminhando-se o aluno a um processo que estimula o autodidatismo acompanhado pela orientação segura do docente.

Essa deve ser uma das dimensões do "aprender a aprender".

Para realizar uma pesquisa bibliográfica, é necessário seguir também uma orientação advinda de um projeto que contenha passos norteadores da investigação.

Esses passos são os seguintes:

**1. Tema-problema**: é importante diferenciar 'tema de assunto' de 'investigação'. O assunto é a denominação geral de um objeto de pesquisa também geral. Por conseguinte, não há necessidade de defini-lo porque já existe um conhecimento generalizado sobre ele. Porém, elaborar um tema é trabalhar o assunto no sentido de delimitá-lo e explicitar o seu objeto. Subentende-se o desenvolvimento de todo um processo de formulação de construção mental e de visualização operacional. Para isso, há necessidade de que haja uma delimitação em termos temporais e de espaço, além de viabilização técnico-científica e de recursos para a realização da pesquisa.

Na formação do acadêmico, na maioria das vezes, o tema é sugerido pelo docente que, ministrando uma disciplina, o insere na competência da formalidade de sua programação didático-pedagógica. Já nos cursos de especialização e pós-graduação *stricto sensu*, o tema é decisão pessoal, em boa parte das vezes, combinado com as linhas de pesquisa definidas pelos referidos programas e com a própria carreira do pós-graduando.

Tecnicamente, como se define e se delimita um tema?

Por exemplo:

Assunto: globalização.

Perceba que esse assunto é tão geral que pode ser pesquisado sob vários ângulos: comunicação, economia, administração pública, política, geografia, sociologia e outro sem-número de áreas de especialização, de conhecimento, de tecnologias, como interferências nos segmentos da saúde, do comércio, da indústria, das relações familiares, relações de trabalho etc.

Transformando esse assunto para uma temática de interesse mais específico do pesquisador, poderíamos ter como exemplo o segmento: sociedade globalizada e trabalho.

Ainda permanecemos em um estágio preliminar do processo de seleção e de delimitação do tema, pois não temos ainda o objeto nem as circunstâncias que possam nos guiar na pesquisa bibliográfica.

A delimitação poderá ser feita enfocando-se que a temática se refere, por exemplo, às mudanças e às transformações relativas ao trabalho na vida das famílias.

Assim, o estudante poderá realizar sua busca bibliográfica investigando as influências da globalização na esfera do trabalho e na organização familiar das populações operárias.

Observa-se que as palavras-chave que guiarão a investigação serão:

a) globalização;
b) trabalho;
c) famílias operárias.

Com relação a esse passo do planejamento de uma pesquisa bibliográfica, segundo Antonio Joaquim Severino, somente com uma definição bem clara do tema a ser tratado é que o raciocínio se desencadeia (1980:148). É essencial que o tema seja devidamente problematizado.

A problematização serve de bússola para o início do processo de investigação e para o seu desenrolar, lembrando que toda pesquisa tem origem com uma questão. Não é possível pesquisar, construir ciência ou conhecimento sem antes determinar com clareza a dúvida sistemática, a curiosidade elaborada ou a necessidade que se quer perscrutar ou desvendar.

> "A identificação do problema e sua delimitação pressupõem uma imersão do pesquisador na vida e no contexto, no passado e nas circunstâncias presentes que condicionam, influenciam ou mistificam o problema. Pressupõem, também, uma partilha prática nas experiências e percepções que os sujeitos possuem desses problemas para descobrir os fenômenos além de suas aparências imediatas" (Chizzotti, 1991:81).

É bom esclarecer que alguns autores fazem distinção ou separação das etapas de definição de tema e problema de investigação. Para nós, elas surgem dinamicamente no processo de planejamento e execução da pesquisa sem a rigidez utilizada pelos modelos positivistas na construção do conhecimento.

**2. O passo seguinte:** é determinar hipóteses que, geralmente, pertencem mais ao campo das pesquisas experimentais. No que diz respeito à pesquisa bibliográfica típica de estudos mais descritivos, reflexivos, interpretativos e críticos, essa etapa pode ceder lugar ao levantamento e à revisão da literatura que, sem dúvida, permitirá ao pesquisador a fundamentação teórica do estudo.

Chama-se 'hipótese de pesquisa' ou 'de trabalho' a solução imaginada antecipadamente a um problema de pesquisa. É algo hipotético porque, nessa fase, estamos lidando apenas com uma pretensão de estudo.

**3. Levantamento bibliográfico:** para ter em mãos a bibliografia desejada, é fundamental que se disponha das "palavras-chave" que estão contidas no tema-problema e, por conseguinte, na hipótese de trabalho, se esta fizer parte do planejamento da pesquisa.

É importante ainda determinar o período a ser abrangido pelo levantamento bibliográfico, além do conhecimento da terminologia e sinonímia envolvidas na nossa língua e em outros idiomas.

O pesquisador deverá iniciar a localização desses referenciais na biblioteca da instituição a que pertence, solicitando a colaboração de bibliotecárias e buscando, posteriormente, sua complementação em acervos de outras bibliotecas ou de instituições de pesquisa. Para a realização desse levantamento e posterior seleção, alguns passos podem servir de orientação, como a consulta:

a) a catálogos editoriais;
b) à base de dados existente na área, tal como Unibibli, que reúne as pesquisas realizadas pelas universidades estaduais paulistas: Universidade de São Paulo (USP), Universidade Estadual de Campinas (Unicamp) e Universidade Estadual Paulista (Unesp);
c) a CD-ROMs como *Humanitas, Social Science, Index, Literatura Latino-Americana em Ciências da Saúde (Lilacs), Philosopher's Index, Medline* etc.;
d) à rede Bitnet, que funciona como correio eletrônico (e-mail), permitindo a troca de informações entre os pesquisadores dos diferentes ramos de conhecimento — segundo Elizabete de Pádua, a organização de catálogos obedece a um sistema internacional (sistema Dewey) que compreende três tipos (1996:51):

- catálogo de assunto;
- catálogo sistemático (de títulos);
- catálogo de autor.

Seguindo o levantamento bibliográfico, o pesquisador deverá cumprir outro passo, que é o da documentação.

**4. Documentação e registro das informações pertinentes ao tema-problema:** tendo identificado as obras de interesse, passa-se à compilação, que é a reunião sistemática dos materiais que estão impressos em livros, periódicos, revistas científicas, teses, recursos informatizados etc.

Após essa etapa, será realizado o registro dos dados compilados, analisados e interpretados em fundamentos que podem ser elaborados manualmente e/ou computadorizados.

É bom ressaltar que a competência de uma leitura procedida corretamente é indispensável nessa fase de documentação, que dará margem à construção lógica do texto, ou seja, a sua redação.

A prática da documentação pode ser 'temática', 'bibliográfica' e 'geral'. As fichas bibliográficas deverão possuir os seguintes itens:

a) Referência bibliográfica: observando-se a normatização da Associação Brasileira de Normas Técnicas (ABNT).
b) Resumo: especificação sobre o conteúdo do livro.
c) Fonte bibliográfica: indicando a obra de referência, a biblioteca em que foi encontrada.
d) Classificação do assunto: número ou letra de classificação da ficha, seguindo a freqüência da documentação.

No fichamento bibliográfico, tem-se em vista as informações das áreas geral e específica em que se situa o assunto. Esse documento deve ser elaborado de forma sistematizada e direcionado às temáticas de estudo. As informações serão dispostas de forma gradual e registradas a partir da análise do texto até a interpretação mais aprofundada. Para isso, faz-se necessário ler o sumário da obra, a introdução, as orelhas e, a seguir, à medida do interesse temático, o conteúdo desejado.

## MODELO I: FICHA BIBLIOGRÁFICA

METODOLOGIA CIENTÍFICA
Selltiz *et alii*.

MÉTODOS DE INVESTIGAÇÃO NAS RELAÇÕES SOCIAIS.

O livro se refere ao processo da investigação. Descreve minuciosamente desde a formulação do problema, o esquema, a coleta de dados, a análise e a interpretação até a comunicação de dados.

Na fase de coleta de dados da pesquisa de campo, o pesquisador pode também fazer uso de fichas para o registro de suas observações. São indicadas as fichas de observação, ou seja, aquelas em que se anotam as observações diretas da realidade social. Seguem as mesmas normas das fichas bibliográficas, mas acrescentam-se os seguintes dados:
a) local de observação;
b) pesquisador;
c) campo de observação;
d) época de observação.

## MODELO II: CARACTERÍSTICAS DE UMA SITUAÇÃO FACTUAL

| Local<br>Fato observado<br>Período da observação | | | |
|---|---|---|---|
| Contexto físico | Pessoas | Atividades | Aspectos sociais |
| Resumo das características observadas | | | |

O universitário tem várias maneiras de organizar o seu fichário. Poderá classificar as fichas segundo os temas divididos em 'gerais' e 'específicos', colocados em ordem alfabética, ou ainda agrupar as fichas, baseando-se em um critério de sistematização ou classificação de assuntos, obedecendo à ordem alfabética de autores e numerando as fichas.

Segundo Amado Luiz Cervo e Pedro Alcino Bervian, uma eficiente elaboração da documentação subentende a observância das seguintes normas práticas (1996:72):
a) ter em vista os objetivos do trabalho, procurando anotar somente os dados suscetíveis de fornecer alguma luz sobre o problema formulado;
b) percorrer antes todo o texto para evitar anotações de dados desenvolvidos mais adiante;
c) sublinhar com um lápis os pontos principais do livro próprio (caso contrário, registrar as anotações em folhas numeradas);
d) transcrever as anotações em fichas, cadernos, folhas ou arquivos, colocando entre espaços as citações textuais e anotando em folhas separadas ou no verso as idéias próprias que surgirem.

As experiências demonstram que o pesquisador paciente, atencioso, disciplinado e sistemático, sem grandes dificuldades ou bloqueios em organizar seus levantamentos em documentações cuidadosas, terá o seu trabalho compensado na fase de classificação e interpretação dos dados, pois o processo será então facilitado.

É fundamental assegurar a retenção do material lido e selecionado pelo pesquisador no seu levantamento bibliográfico, formando um arquivo próprio de dados, uma vez que não se pode confiar sempre na memória.

Finalmente, torna-se imprescindível que na pesquisa bibliográfica o investigador detenha-se nas técnicas de leitura e análise de texto para que consiga trabalhar com êxito os detalhes necessários aos conteúdos em pauta.

**Pesquisa de campo**

O investigador na pesquisa de campo assume o papel de observador e explorador, coletando diretamente os dados no local (campo) em que se deram ou surgiram os fenômenos. O trabalho de campo se caracteriza pelo contato direto com o fenômeno de estudo.

"A pesquisa de campo propriamente dita não deve ser confundida com a simples coleta de dados (...) é algo mais que isso, pois exige contar com controles adequados e com objetivos preestabelecidos que discriminam suficientemente o que deve ser coletado." (Ferrari, 1982:229)

A partir do uso de técnicas como observação, participante ou não participante, entrevistas, questionários, coleta de depoimentos e estudo de casos, o pesquisador busca as informações sobre o objeto de estudo.

A pesquisa de campo favorece o acúmulo de informações sobre fenômenos, mas requer procedimentos metodológicos previamente estabelecidos e apresentados no anteprojeto de pesquisa. Esse tipo de pesquisa é muito usado na sociologia, antropologia, política, psicologia social, serviço social e em outros ramos e campos científicos.

Os modelos de projeto de pesquisa não passam por exigências únicas e rígidas quanto à sua apresentação nas diferentes áreas de conhecimento, bem como nas diferentes instituições nacionais e internacionais de fomento à pesquisa. Porém, todas essas instituições mantêm um núcleo básico que abrange o plano da natureza do problema, de objetivos e procedimentos metodológicos, custos, cronograma de ação e bibliografia geral.

A especificação das fases metodológicas da pesquisa de campo será objeto de atenção e desenvolvimento na segunda parte deste capítulo.

## A PESQUISA EXPERIMENTAL: SEU SIGNIFICADO

A investigação experimental — conhecida também por 'experimentação' — adota o critério de manipulação de uma ou mais variáveis independentes (causas) sob adequado controle, a fim de observar e interpretar as reações e as modificações ocorridas no objeto de pesquisa (efeito variável dependente). Assim sendo, na pesquisa experimental, o investigador interfere na realidade, fato ou situação estudada, pela manipulação direta das variáveis.

Nos estudos experimentais clássicos, era costume estudar a relação de uma única variável com o objeto enfocado (causa — efeito). Hoje, é freqüente estudar os efeitos de uma ou mais variáveis nos limites de um único experimento, observando-se as inter-relações e graus de intensidade e de influência das variáveis entre si.

Segundo Marinho, pode-se aceitar a seguinte metodologia para a realização de uma investigação experimental (1980:49-50):

a) investigação e definição do problema em estudo;
b) literatura sobre o problema (pesquisa bibliográfica);
c) elaboração de hipóteses;
d) definição do plano experimental;
e) realização do experimento;
f) apresentação dos dados;
g) provas de significância (comprovam-se ou rejeitam-se as hipóteses);
h) análises ou interpretação dos resultados;
i) conclusões.

Por 'identificação e definição do problema' em estudo, compreende-se a fase em que o pesquisador formula e delimita o seu problema de pesquisa com a indicação das variáveis a ser testadas no experimento.

Em um segundo momento, procura-se a familiarização com o problema por meio do levantamento de dados e da consulta a fontes bibliográficas. Obtendo maior conhecimento sobre o tema e explicitando bem o problema ou área a estudar, chega-se à fase de explicitação de hipóteses, ou seja, de proposições ou generalizações elaboradas sob o objeto de estudo segundo um critério ordenado de relações.

Definir o plano experimental significa estabelecer os caminhos para a realização do experimento. Estruturam-se tarefas, além de programar o método de controle sistemático de variável, da amostra e dos instrumentos de coleta de dados.

Um experimento pode ser realizado abrangendo basicamente dois grupos: o 'grupo de controle' e o 'grupo experimental'. No grupo experimental, aplica-se ou retira-se o fator variável experimental, denominado também 'variável independente'. O grupo de controle é aquele que serve de comparação para o grupo experimental. Nesse grupo, é aplicado um fator de controle, ou seja, na maioria das vezes não se aplica nele a variável experimental.

"O experimento pode ser realizado, é uma situação criada em laboratório, com a finalidade de observar, sob controle, a relação que existe entre os fenômenos". (Rudio, 1979: 60)

Realizando-se o experimento, o pesquisador deverá registrar os resultados encontrados para posteriormente trabalhar esses dados, apresentando-os em forma mais simplificada através de tabelas e gráficos.

A fase de cálculo de testes anteriormente escolhidos para a comprovação ou rejeição de hipóteses denomina-se 'provas de significância'.

Após a efetivação dessas fases, chega-se à análise e discussão dos resultados encontrados em função das hipóteses de investigação e, finalmente, às conclusões gerais da pesquisa.

## A PESQUISA-AÇÃO

Segundo Michel Thiollent, "a pesquisa-ação é um tipo de pesquisa social com base empírica que é concebida e realizada em estreita associação com uma ação ou com a resolução de um problema coletivo e no qual os pesquisadores e os participantes da situação ou do problema estão envolvidos e de modo cooperativo ou participativo" (1985:14).

Nesse tipo de pesquisa, os pesquisadores desempenham um papel ativo no equacionamento dos problemas encontrados. O pesquisador não permanece só levantando problemas, mas procura desencadear ações e avaliá-las em conjunto com a população envolvida.

A pesquisa-ação não pode ser confundida com pesquisa descritiva, em que se utiliza a técnica da observação participante. Na pesquisa-ação, a participação dos pesquisadores é explícita dentro da situação da investigação, com os cuidados necessários para que a ação seja conjunta com os grupos implicados nessa situação.

Alguns aspectos importantes servem para identificarmos a estratégia metodológica da pesquisa-ação:
a) há uma interação efetiva e ampla entre pesquisadores e pesquisados;
b) o objeto de estudo é constituído pela situação social e pelos problemas de diferentes naturezas encontrados nessa situação;
c) volta-se para a resolução e/ou esclarecimento da problemática observada;
d) a pesquisa não é um simples ativismo, mas há o objetivo de aumentar o conhecimento dos pesquisadores e o nível de consciência das pessoas e grupos considerados.

Não concebemos, nessa classificação, a pesquisa-ação como um subitem da pesquisa descritiva porque ela vai além de uma simples constatação e configuração do problema, ou seja, a pesquisa-ação atinge o nível de descrição dos fenômenos, porém não se restringe aos passos declinados pelo modelo clássico da pesquisa descritiva. Nesse tipo de pesquisa, a maior preocupação está em estabelecer um sentido de horizontalidade no processo do conhecimento e ação entre pesquisador e realidade, pesquisador e pesquisado.

## Classificação da pesquisa, segundo os seus fins

Entre as outras formas de classificar a pesquisa, destacaremos a classificação segundo os fins a que se destina.

No que se refere aos fins ou destinação da pesquisa, encontramos a seguinte tipologia: a 'pesquisa pura' e a 'pesquisa aplicada'.

A 'pesquisa pura' ou 'pesquisa básica' tem por finalidade o "conhecer por conhecer". É mais uma especulação mental a respeito de determinados fatos. É ainda chamada 'pesquisa teórica'. Esse tipo de pesquisa não implica, em um primeiro momento, ação interventiva nem transformação da realidade social.

A 'pesquisa aplicada' é aquela em que o pesquisador é movido pela necessidade de conhecer para a aplicação imediata dos resultados. Contribui para fins práticos, visando à solução mais ou menos imediata do problema encontrado na realidade.

Enquanto na pesquisa teórica o pesquisador está voltado para satisfazer a uma necessidade intelectual de conhecer e compreender determinados fenômenos, na pesquisa aplicada, ele busca orientação prática à solução imediata de problemas concretos do cotidiano.

Muitas vezes, a pesquisa teórica caminha para a aplicação de seus resultados. Como exemplo, temos os estudos realizados durante a Segunda Guerra Mundial — o Projeto Manhattam, de que resultou a investigação da bomba atômica, o qual partiu de trabalhos de outros pesquisadores que realizaram investigações puras anteriores para a formulação de teorias para satisfação própria.

Na pesquisa pura, o pesquisador, comumente, busca a atualização de seus conhecimentos, enquanto na pesquisa aplicada a finalidade não é somente procurar uma nova tomada de posição teórica, mas realizar uma ação concreta, ou seja, operacionalizar os resultados do trabalho.

Na realidade, as pesquisas pura e aplicada não são opostas ou mutuamente excludentes, e não se deve considerar uma mais importante que a outra, ou ainda, uma mais simples e a outra mais complexa. Os dois tipos de pesquisa são indispensáveis ao desenvolvimento da ciência. Somente as circunstâncias vinculadas ao objeto de investigação relacionando-se com a realidade social, política, cultural e econômica onde e para onde se reveste o estudo é que poderão ditar maior ou menor importância eventual, bem como o grau de complexidade de uma sobre a outra.

## O método da pesquisa

Em diversas obras de metodologia e pesquisa científica, encontramos diferentes classificações sobre as fases do método de pesquisa. Há autores que chegam a relacionar dez fases, outros as sintetizam em quatro. Para nós, porém, é importante esclarecer que todo trabalho científico nasce de uma dificuldade ou questionamento que deve ser cuidadosamente formulado. É um problema que nasce de um tema geral de estudo.

O pesquisador inicia, assim, o planejamento de seu estudo, do qual resultará um projeto de pesquisa.

## O projeto de pesquisa

Pesquisar não se traduz no simples ato de abordar um problema por meio da aplicação direta de questionários. Esse comportamento pode ser considerado improvisação, falta de planejamento de pesquisa. Sem um projeto de pesquisa, os pesquisadores lançam-se a um trabalho inseguro, desorientado, o que gera desperdício de esforços e recursos.

Do planejamento da pesquisa resulta um projeto que, antes de ser aceito e colocado em execução, pode ser denominado 'anteprojeto de pesquisa'.

O projeto de pesquisa serve essencialmente para responder às perguntas:
a) O que fazer? (Definição do tema e problema.)
b) Por que fazer? (Justificativa da escolha do problema.)
c) Para que fazer? (Propósitos do estudo: objetivos.)
d) Quando fazer? (Cronograma de execução.)
e) Onde fazer? (Local: campo de pesquisa.)
f) Com que fazer? (Recursos: custeio.)
g) Como fazer? (Metodologia.)
h) Feito por quem? (Pesquisadores.)

Ao enunciar essas indagações, estamos relacionando os pontos fundamentais para a elaboração de um projeto de pesquisa. Como exemplo de estruturação de um projeto, temos o seguinte roteiro:
I. Justificativa da escolha do tema.
II. Formulação do problema.
III. Marco teórico (ou elementos teóricos).
IV. Objetivos da pesquisa.
  1. Objetivos gerais.
  2. Objetivos específicos.
V. Hipóteses de estudo.
VI. Indicação e definição operacional das variáveis.
VII. Plano de pesquisa (ou metodologia da pesquisa).
  1. Especificação da amostra.
  2. Coleta de dados.
    2.1. Escolha da técnica de investigação (questionário etc.).
    2.2. Fases da coleta de dados.

VIII. Análise dos resultados (especificar as técnicas e os procedimentos a ser utilizados nessa fase).
IX. Cronograma.
X. Orçamento.
XI. Bibliografia.

Por meio da realização de estudos bibliográficos e de documentação preliminares, contato com o campo da pesquisa e melhor definição do que pretende estudar, o pesquisador adquire condições de elaborar o anteprojeto da pesquisa. Nesse anteprojeto, serão demonstradas a importância e a viabilidade de execução da proposta de estudo, bem como será determinado, de forma cuidadosa, o plano metodológico da pesquisa.

O plano da pesquisa é a configuração do processo completo de investigação. Pode incluir desde a formulação de hipóteses até a descrição de procedimentos a ser utilizados para análise e interpretação dos dados. Em outras palavras, ele procura responder de que forma (como) os objetivos da pesquisa serão alcançados.

Descrever os passos ou as etapas metodológicas do estudo significa especificar:
a) os estudos exploratórios já realizados ou ainda a realizar;
b) os procedimentos para o levantamento, análise e interpretação dos dados;
c) a descrição do tratamento a ser dispensado aos dados — no caso de estudos experimentais, deve-se tratar todo o plano experimental, fase por fase;
d) as possíveis limitações e delimitações da pesquisa, em termos de variáveis a ser controladas, áreas de interesse e amostragem.

Ainda com vistas à maior orientação do pesquisador e de quem o acompanha avaliando o trabalho do estudo efetivado, a elaboração de um cronograma de execução de atividades semanais ou mensais é necessária.

Nesse cronograma, deve-se estimar o período de tempo para:
a) fase do planejamento da pesquisa;
b) estudos exploratórios;
c) elaboração da técnica e de instrumentos de investigação;
d) pré-teste dos instrumentos;
e) seleção da amostra;
f) coleta de dados;
g) organização dos dados (categorização, codificação e tabulação);
h) análise e interpretação dos resultados;
i) elaboração dos relatórios finais;
j) comunicação e/ou aplicação dos resultados.

## Fases do método de pesquisa

Representando graficamente as fases do método de pesquisa, teremos:

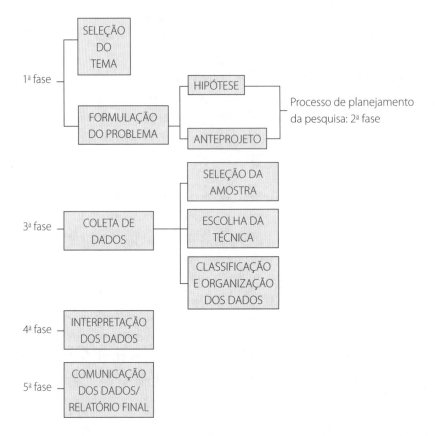

**SELEÇÃO DO TEMA E FORMULAÇÃO DO PROBLEMA**

O processo de investigação inicia-se com a seleção de um tema geral ou assunto. A partir desse tema, formula-se o problema.

Essa etapa da pesquisa tem especial atrativo, dado que o pesquisador pode ter maior liberdade nessa escolha. Esta deverá repousar nas suas preocupações e interesses dentro do seu campo de ação e de seus juízos de valor.

A escolha do problema de pesquisa nunca se dá aleatoriamente, ela é sempre influenciada pelos fatores internos correspondentes ao próprio investigador (curiosidade, imaginação, experiência, filosofia) e por fatores externos à realidade circundante ou ainda à instituição a que o pesquisador se filie.

Para a execução dessa fase, é necessária a realização de estudos preliminares exploratórios bibliográficos ou de contato com pesquisadores especialistas na área, coletando dados para definir adequadamente 'o que' se deseja pesquisar.

Aqueles pesquisadores que passam apressadamente por essa fase, não formulando nem delimitando o problema de maneira clara, concisa e objetiva, são freqüentemente levados a enfrentar dificuldades no decorrer da pesquisa. No caso, por exemplo, de a amplitude do objeto enfocado não ter sido delimitada corretamente, pode-se incorrer na superficialidade do estudo. É vantajoso, portanto, diminuir a extensão do problema a estudar para ganhar maior profundidade científica.

Uma boa escolha do tema, associada à inclinação pessoal do pesquisador ao seu estudo, proporciona maior facilidade ao se formular o problema da pesquisa.

Sinteticamente, temos:

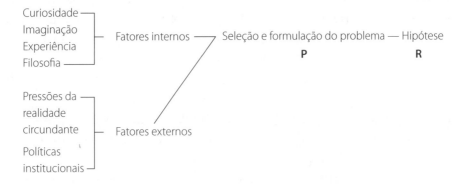

## Hipótese e variáveis

Nem todos os tipos de investigação necessitam da elaboração de hipóteses. Dentre esses estudos, estão os levantamentos preliminares comumente realizados para coletar dados gerais sobre o assunto de uma pesquisa, visando a conseguir uma formulação e delimitação do problema mais adequadas.

As hipóteses são, porém, necessárias, pois possuem a função de orientar o pesquisador na coleta e análise dos dados. São proposições antecipadoras ao levantamento da realidade.

Em linguagem mais simplificada, toda hipótese é uma tentativa de resposta ao problema de pesquisa, ou seja:

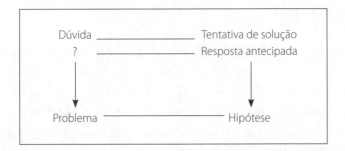

As hipóteses devem ser simples, claras, compreensíveis e passíveis de verificação. Os conceitos empregados no enunciado de uma hipótese devem ser precisos, a fim de evitar sentido ambíguo e, conseqüentemente, facilitar o desenvolvimento do processo da pesquisa.

Toda hipótese deve possuir um referencial empírico, isto é, os conceitos devem ser observados, verificados e registrados a partir da realidade empírica.

Assim, não poderíamos chegar a resultados satisfatórios em uma pesquisa que se orientasse em hipóteses consideradas inadequadas, como "As pessoas que morrem e que praticaram boas ações na terra vão para o céu".

Ao enunciar uma hipótese, devemos nos preocupar com que esse enunciado possua uma linguagem simples, porém substantiva. Não há necessidade de querer ampliar uma hipótese somente para "enfeitá-la". Deve-se ter sempre em mente a melhor compreensão, explicação e resposta ao problema investigado.

Pela definição de hipóteses, o pesquisador encontra maior especialização do tema e especificação dos objetivos da pesquisa, bem como das variáveis a ser observadas no estudo. Normalmente, as hipóteses resultam da relação entre duas variáveis.

'Variável' é todo aquele elemento ou característica que varia em determinado fenômeno. Esse elemento pode ser observado, registrado e mensurado. As variáveis são, portanto, aspectos observáveis de um fenômeno, os quais podem apresentar variações, mudanças e diferentes valores em relação a dado fenômeno e entre fenômenos.

**Classificação das variáveis**

As variáveis se classificam segundo o nível de especificação, o caráter escalar e a posição que ocupam em suas relações.

De acordo com o nível de especificação ou abstração das variáveis, encontramos a seguinte classificação:
- a) Variáveis gerais: são aquelas que não podem ser imediatamente mensuradas.
- b) Variáveis intermediárias: são aquelas que são mais concretas e mais próximas da realidade empírica.
- c) Variáveis empíricas: são aquelas que indicam diretamente os elementos e/ou características a ser observados e medidos.

Assim, podemos decompor uma variável geral em algumas intermediárias e, a partir destas, chegar às mais específicas, isto é, às variáveis empíricas.

Exemplificando com o fenômeno da violência urbana, podemos identificar:
- a) Variável geral: estudo das características dos indivíduos que praticam a violência.
- b) Variável intermediária: estudo das características psicológicas e intelectuais dos indivíduos que praticam a violência.

c) Variável empírica: medição do quociente de inteligência (QI) dos elementos que praticam atos violentos.

A outra classificação diz respeito às formas de mensuração, ou seja, às escalas de medição dos valores ou atributos das variáveis (Richardson, 1985:69). Nessa classificação, temos:

a) Variáveis nominais: relacionam-se à mensuração da variável tomando-se classes ou categorias distintas, obedecendo a um critério classificatório. Por exemplo: estado civil — solteiro, casado, viúvo, desquitado e outros.

b) Variáveis ordinais: são aquelas características ou fatores ordenados para efeito de melhor quantificação. Estabelece-se uma ordem hierárquica entre os elementos, porém não existe uma distância equivalente nos graus de hierarquização. Por exemplo: a variável 'nível socioeconômico' pode ser considerada ordenadamente como:
- classe alta;
- classe média alta;
- classe média;
- classe baixa.

c) Variáveis intervalares: possuem as características das variáveis anteriores, porém podem ser apresentadas com intervalos, distâncias iguais. Precisam de algum tipo de unidade física de medição. Por exemplo: estudo da variável 'faixa etária' de determinados grupos, 'renda familiar' etc.

d) Variáveis de razão: são variáveis que supõem um zero absoluto em termos de medida. Reúnem as propriedades das demais variáveis. Esse tipo de variável não é muito usado em estudos nas áreas das ciências humanas.

A terceira classificação é aquela que toma como critério a posição e a relação que se estabelecem entre elas. A variável independente é aquela que surge como contribuinte, causa ou elemento determinador da variável dependente (efeito). Na relação entre as variáveis independentes e dependentes, podem surgir as variáveis antecedentes e as variáveis intervenientes.

A variável antecedente explica e justifica o aparecimento da variável independente, enquanto a variável interveniente pode reforçar, modificar ou eliminar a relação das variáveis independente e dependente.

Essa forma de classificação é considerada como contextual; assim, em determinada situação, a variável independente pode tornar-se dependente e vice-versa. Por exemplo:

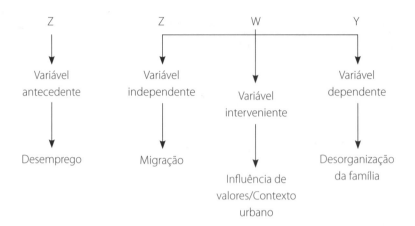

Na hipótese seguinte, podemos identificar as variáveis estudadas: "Grupos familiares carentes que migram tendem à desorganização interna".
a) Variável independente: processo de migração.
b) Variável dependente: desorganização interna do grupo familiar.
c) Variável interveniente: a frustração (o bloqueio conduz à frustração, e esta à agressividade). Graficamente, temos:

$$\text{Justificativa} \underline{\qquad} \text{Relação} \underline{\qquad} \text{Efeito}$$
$$(X) \qquad\qquad (W) \qquad\qquad (Y)$$

Ao trabalhar com o conceito de variáveis em uma pesquisa, é importante, em boa parte das situações, que o pesquisador não se deixe dominar pelo quadro exclusivamente quantitativo de seu conteúdo.

É bom ressaltar que, se a quantificação serve como um dos referenciais à interpretação qualitativa, ela só tem relevância quando incluída em uma forma dialética de explicação científica.

**Hipótese e teoria**

Como analisamos anteriormente, a hipótese é um requisito indispensável na pesquisa científica. Ela surge da familiaridade que o pesquisador obtém através da observação do fenômeno.

A hipótese pode então ser considerada a formulação de uma teoria provisória, ou seja, uma pressuposição que procura tornar inteligíveis os dados de um fenômeno.

Após testes e provas, ela é comprovada ou refutada no estudo. A rejeição de uma hipótese não significa que a pesquisa tenha sido invalidada, porém o pesquisador deve preocupar-se em enunciar hipóteses que não precisem ser abandonadas. Quando a hipótese submetida a teste é comprovada como verdadeira, sob determinadas condições, transforma-se em teoria científica.

Dito de outra forma, toda teoria possui um caráter hipotético, isto é, as teorias podem ser corrigidas, ampliadas e reformuladas. As teorias, manifestando-se como hipóteses, oferecem condições para explicar e predizer fenômenos, mantendo viva a necessidade de novas investigações e alimentando constantemente o processo de construção da ciência.

**Amostragem**

Em geral, as pesquisas são realizadas por amostras. Isso se justifica porque nem sempre é possível obter as informações de todos os indivíduos ou elementos que compõem o universo ou a população que se deseja estudar. Outras vezes, o pesquisador não tem recursos nem tempo para trabalhar com todos os elementos.

'Universo da pesquisa' significa o conjunto, a totalidade de elementos que possuem determinadas características definidas para um estudo. Cada unidade ou membro do universo denomina-se 'elemento'. Um conjunto de elementos representativos desse universo ou população compõe a amostra. Portanto, 'amostra' é um subconjunto representativo do conjunto da população.

Os conceitos são fluidos, dependendo de cada caso e das especificações das características dos estudos. Assim, o que em uma ocasião constitui a população em outra pode ser considerado uma amostra e vice-versa.

Por exemplo, em uma investigação sobre a participação da mulher brasileira na política, as mulheres do estado de São Paulo formariam uma amostra ou mesmo uma subamostra do universo de todas as mulheres brasileiras. Com relação às mulheres latino-americanas, as brasileiras passariam a compor uma amostra do universo, agora considerado o de mulheres latino-americanas.

A fim de resguardar a cientificidade do estudo e as condições para a comprovação das hipóteses, é necessário ter uma amostra representativa do universo. A representatividade da amostra está relacionada com a regra ou o plano de seleção definidos para a escolha dos elementos e com a proporção de elementos selecionados em relação ao universo.

Algumas indagações fundamentais devem ser respondidas no sentido de garantir a representatividade:

a) Quantos indivíduos deve ter a amostra para que represente de fato a totalidade de elementos da população?

b) Como selecionar os indivíduos de maneira que todos os casos da população tenham possibilidades iguais de ser representados na amostra?

Existem, basicamente, dois procedimentos de seleção dos elementos ou de determinação da amostra: a 'probabilística' e a 'não probabilística'. Resumidamente, tentaremos apresentar alguns tipos encontrados na subdivisão dessas duas amostras.

## Amostra probabilística

Nesse tipo de amostragem, os elementos do universo da pesquisa têm a mesma chance de ser escolhidos. São selecionados aleatoriamente ou ao acaso. Existe uma probabilidade igual para todos os elementos de ser sorteados.

Para operacionalizar esse princípio, é preciso primeiramente relacionar todos os elementos que formam a população, de tal maneira que, por meio de determinado método, se possa selecionar ao acaso qualquer elemento para a constituição da amostra. Pode-se usar desde o simples sorteio até as tabelas de números aleatórios criadas cientificamente e que aparecem em livros de estatística.

A-1. Amostra casual simples: é a forma básica da amostra probabilística, ou seja, a seleção é realizada com base em um processo que dá a cada membro da população a mesma probabilidade de ser incluído na amostra.

O exemplo a seguir foi retirado da obra de Rudio *Introdução ao projeto de pesquisa científica* (1979:52). Suponha-se que desejemos uma amostra casual simples de dois casos de uma população de cinco casos. Os casos são A, B, C, D e E, e há dez possíveis pares de casos: AB, AC, AD, AE, BC, BD, BE, CD, CE, DE. Escreve-se cada combinação em um papel, colocam-se os dez papéis em um recipiente, misturam-se os papéis e procede-se ao sorteio. Os dois casos sorteados constituirão a amostra casual simples.

Quando a população estiver ordenada de tal forma que cada elemento se identifique por sua colocação ou posição, temos a variação desse tipo de amostragem, ou seja, a 'amostra casual sistemática', também denominada 'amostra aleatória sistemática'.

A-2. Amostra casual estratificada: nessa amostra, a população é cadastrada e dividida, formando os estratos. Para constituir esses estratos, deve-se basear em determinado critério ou atributo dos indivíduos, como sexo, idade, etnia, profissão etc.

Obtém-se, posteriormente, uma amostra aleatória simples de cada estrato. Essas subamostras são reunidas para formar a amostra propriamente dita.

"O ideal é que, ao planejar um estudo, o pesquisador faça um exame cuidadoso sobre os estratos a ser utilizados, com vistas à sua eficácia para a pesquisa em pauta." (Lakatos e Marconi, 1983:43)

O número de estratos a ser utilizado no estudo dependerá do tamanho da amostra total.

A-3. Amostra por agrupamentos ou por conglomerados: a amostra por grupos se apresenta como variação da amostra aleatória simples. Parte de feixes maiores para se fechar ao conjunto final, ou seja, tomam-se os grupos cadastrados do universo e procede-se ao sorteio, formando a amostra com os elementos desses conjuntos sorteados. São conglomerados ou agrupamentos: escolas, igrejas, associações, empresas etc.

O pesquisador pode fazer algumas variações na formação dessas amostras, dependendo das necessidades da pesquisa e da realidade encontrada. O importante é que a escolha a partir da divisão dos elementos e subdivisão dos conjuntos seja feita aleatoriamente.

A-4. Amostra por área: é um tipo de amostra muito utilizada em pesquisas de comunidade e quando não se conhecem todos os componentes da população.

O pesquisador, para compor essa amostragem, pode fazer uso de mapas cartográficos ou de fotos aéreas. Dividem-se os mapas em áreas ou em unidades e procede-se ao sorteio. Algumas variações também podem ser feitas, dependendo do tipo de pesquisa:
a) as áreas são sorteadas primeiramente e todos os elementos daquelas áreas são pesquisados;
b) sorteiam-se as áreas e, dentro delas, procede-se a um novo sorteio dos elementos ou conglomerados a ser pesquisados (combinação de amostra).

Outros tipos de amostras probabilísticas podem ser conseguidos utilizando-se dois ou mais estágios na seleção ou ainda a combinação deles. Porém para o pesquisador iniciante, as amostras apresentadas podem ser satisfatórias.

**Amostra não probabilística**

As amostras não probabilísticas são compostas muitas vezes de forma acidental ou intencional. Os elementos não são selecionados aleatoriamente. Com o uso dessa tipologia, não é possível generalizar os resultados das pesquisas realizadas em termos da população. Elas não dão certeza alguma quanto à representatividade do universo.

B-1. Amostra acidental: é uma amostra formada por aqueles casos ou elementos que vão aparecendo, que são possíveis de obter até que a amostra atinja determinado tamanho. Por exemplo, nas pesquisas de opinião sobre determinada questão, indaga-se a vários tipos de pessoa que acidentalmente aparecerão até completar o número de elementos da amostra.

A amostra acidental pode ser de grande utilidade em estudos exploratórios de um problema, quando o pesquisador ainda não tem definições claras sobre as variáveis a ser consideradas.

B-2. Amostra intencional ou de seleção racional: de acordo com uma estratégia adequada, os elementos da amostra são escolhidos. Estes se relacionam intencionalmente com as características estabelecidas. Por exemplo, a pesquisa com os líderes religiosos de uma cidade e sua opinião sobre o planejamento familiar.

A amostra intencional não é representativa do universo e, portanto, é impossível a generalização dos resultados da pesquisa à população. Os resultados têm validade apenas para aquele grupo específico.

B-3. Amostra por cotas: o objetivo básico, nesse tipo de amostragem, é selecionar elementos que componham uma amostra-réplica da população. Isto é, procura-se incluir na amostra, com a mesma proporção que ocorre na população, os seus diversos elementos.

Essa técnica é muito utilizada em prévias eleitorais e em pesquisas de mercado. Assemelha-se à amostragem estratificada, porém a escolha dos membros é feita de forma inteiramente livre pelo pesquisador; não há o sorteio aleatório.

Nos dados obtidos pela amostragem por cotas, não se pode aplicar tratamento estatístico para correção de desvios, como nos demais subtipos de amostras não probabilísticas.

# CAPÍTULO 7

# A pesquisa científica: a coleta de dados

## Coleta de dados

A coleta de dados é a fase da pesquisa em que se indaga a realidade e se obtêm dados pela aplicação de técnicas. Em pesquisas de campo, é comum o uso de questionários e entrevistas. A escolha do instrumento de pesquisa, porém, dependerá do tipo de informação que se deseja obter ou do tipo de objeto de estudo.

## O diário de campo

Durante o desenvolvimento da pesquisa, nas idas do pesquisador ao campo para a coleta de dados, é muito importante a utilização de um diário de campo. Ele é o registro de fatos verificados através de notas e/ou observações.

Atualmente, existem vários procedimentos para realizar esses registros. Podem ser feitos à mão, gravados em fitas cassete, em fitas de vídeo ou registrados através de fotografias digitais ou não e em CD-ROMs. Quando não possui muitos recursos técnicos e financeiros para a realização da pesquisa, o investigador acaba utilizando um caderno de capa dura, que servirá de diário. Esse instrumento também deverá acompanhar o uso de qualquer outro procedimento de coleta de dados, pois nele é que se registram as informações gerais que auxiliarão na análise posterior dos dados gravados, por exemplo.

Necessariamente, o pesquisador deverá sempre anotar em seu diário de campo as atividades diárias e as não efetivadas, com suas justificativas. Ele serve como uma agenda cronológica do trabalho de pesquisa. Além dessa ajuda, deverão ser registradas com exatidão e muito cuidado as observações, percepções, vivências e experiências obtidas na pesquisa. É importante também registrar considerações e impressões pessoais sobre o observado e o executado na pesquisa de campo.

Atenção para que os registros sejam organizados e sistematizados conforme os horários, dias, direções, situações e outras ocorrências durante o trabalho de campo, servindo para melhor contextualizar dados levantados e ajudar a reconstruir os fatos observados. Diário de campo desorganizado pode trazer viés à pesquisa, assim como grandes dificuldades na fase de análise e interpretação dos dados.

## Questionário

O questionário é o instrumento mais usado para o levantamento de informações. Não está restrito a uma quantidade de questões, porém aconselha-se que não seja muito exaustivo, para que não desanime o pesquisado. É entregue por escrito e também será respondido por escrito.

O pesquisador deve ter como preocupação, ao elaborar o seu instrumento de investigação, determinar tamanho, conteúdo, organização e clareza de apresentação das questões, a fim de estimular o informante a responder.

O questionário pode possuir perguntas fechadas ou abertas e ainda a combinação dos dois tipos.

As 'perguntas fechadas' são aquelas questões que apresentam categorias ou alternativas de respostas fixas:

a) Pergunta com alternativas dicotômicas:
• Você já leu algum livro de metodologia científica?
( ) Sim.                          ( ) Não.

b) Pergunta com respostas múltiplas — escolha uma ou mais alternativas:
• Quais os programas que você prefere escutar no rádio?
( ) Musicais clássicos.            ( ) Programas esportivos.
( ) Musicais modernos.             ( ) Programas de músicas sertanejas.
( ) Ocorrências policiais.         ( ) Outros.
( ) Noticiários.

As 'perguntas abertas' são aquelas que levam o informante a responder livremente com frases ou orações. Por exemplo: Qual a sua opinião sobre o pluripartidarismo no Brasil?

### Quanto à aplicação dos questionários

O pesquisador pode aplicar o questionário de duas formas: realizá-lo por contato direto ou enviá-lo pelo correio.

Quando o pesquisador entrega os questionários diretamente para ser respondidos, pode explicar e abordar os objetivos da pesquisa, esclarecendo dúvidas dos entrevistados com relação a certas questões.

Os questionários remetidos pelo correio devem trazer todas as instruções ao pesquisado. A aplicação por correio permite incluir um número maior de pessoas na amostragem, porém apresenta como desvantagem principal a baixa taxa de devolução. Os questionários devolvidos, por sua vez, podem também trazer dúvidas nas respostas por falta de entendimento das perguntas.

Para a preparação do questionário, devem-se observar:

a) a determinação de itens importantes para a classificação do problema;
b) as variáveis apresentadas nas hipóteses ou os indicadores das variáveis;
c) a ordenação e sistematização das questões;
d) a forma redacional do questionário;
e) a apresentação do questionário ao pesquisado;
f) a estética e a forma de impressão do questionário.

Como todo instrumento de pesquisa, o questionário apresenta algumas vantagens e limitações.

### Vantagens

a) Possibilita ao pesquisador abranger maior número de pessoas e de informações em curto espaço de tempo do que outras técnicas de pesquisa.
b) Facilita a tabulação e o tratamento dos dados obtidos, principalmente se for elaborado com maior número de perguntas fechadas e de múltipla escolha.
c) Com seu uso, o pesquisado tem tempo suficiente para refletir sobre as questões e respondê-las mais adequadamente.
d) Pode garantir o anonimato e, conseqüentemente, maior liberdade nas respostas, com menor risco de influência do pesquisador sobre elas.
e) Economiza tempo e recursos tanto financeiros como humanos na sua aplicação.

### Limitações

A principal limitação do questionário está relacionada, como já foi dito, à sua devolução; além disso, o grau de confiabilidade das respostas obtidas pode diminuir porque nem sempre é possível confiar na veracidade das informações.

Outra limitação é a necessidade de elaborar questionários específicos para cada segmento da população, a fim de obter maior compreensão das perguntas, além de não se poder aplicá-los a pessoas analfabetas.

## Entrevista

A entrevista é uma técnica que permite o relacionamento estreito entre entrevistado e entrevistador. "O termo entrevista é construído a partir de duas palavras, entre e vista. Vista refere-se ao ato de ver, ter preocupação de algo. Entre indica a relação de lugar ou estado no espaço que separa duas pessoas ou coisas. Portanto, o termo entrevistado refere-se ao ato de perceber o realizado entre duas pessoas." (Richardson, 1985:161)

As entrevistas, segundo sua forma de operacionalização, podem ser classificadas em 'estruturadas' e 'não estruturadas'.

As entrevistas são estruturadas quando possuem as questões previamente formuladas, isto é, o entrevistador estabelece um roteiro prévio de perguntas e não há liberdade de alterar os tópicos ou fazer inclusão de questões diante das situações.

Nas entrevistas não estruturadas, o pesquisador busca conseguir, por meio da conversação, dados que possam ser utilizados em análise qualitativa, ou seja, os aspectos considerados mais relevantes de um problema de pesquisa.

É comum encontrar a seguinte classificação quanto aos tipos de entrevista não estruturada:

a) Focalizada: a partir de um roteiro de itens para pesquisar, o entrevistador pode incluir as questões que desejar.
b) Clínica: serve para o estudo da conduta das pessoas e é utilizada principalmente pela psicologia e áreas terapêuticas.
c) Não dirigida ou de livre narrativa: o entrevistador sugere o tema e deixa o entrevistado falar livremente, sem forçá-lo a responder a um ou a outro aspecto.
d) Informal: pode ser feita individualmente ou em grupos e se torna um instrumento rico como abordagem preliminar, que visa à sondagem do objeto ou do tema da pesquisa e em que o pesquisador poderá adquirir um conhecimento mais profundo e elementos orientadores.
e) De grupo: os entrevistados se compõem em grupos e respondem ou narram as questões e temáticas colocadas de forma diretiva ou não diretiva, observando, porém, a temática da pesquisa. A análise e a interpretação dos depoimentos e das respostas exigem dos pesquisadores uma posterior argumentação de conteúdo.

### CUIDADOS PARA MAIOR ÊXITO DA ENTREVISTA

a) Preparação anterior: é necessário que haja uma preparação prévia do pesquisador, envolvendo treinamentos sobre postura durante a entrevista e sobre a capacidade de centrar a busca de informações básicas do objeto de estudo.

b) Priorização da fala do entrevistado: o objetivo do entrevistador é aprender e, portanto, o que interessa é o que o informante fala.
c) Estabelecimento de um relacionamento favorável: o relacionamento entre entrevistador e entrevistado deve ser cordial e amistoso, porém profissional, criando um clima favorável para o entrevistado.
d) Organização seqüencial dos tópicos da entrevista: as perguntas devem ser simples e diretas. Deve-se lembrar que a linguagem comum e simples, porém precisa, facilita o entendimento do que se está perguntando. A idéia de que a entrevista leve é mais estimulante para a fala é inócua, pois quando a entrevista é deixada completamente livre pode provocar desvios naquilo que o pesquisador quer saber.
e) Adequação do local de realização: deve-se garantir a privacidade e a atmosfera ideal para obter a confiança do entrevistado.
f) Registro da entrevista: uma vez realizada a entrevista, o pesquisador deve transcrever e analisar as informações imediatamente após a sua efetivação. Registrar os dados ao mesmo tempo em que se realiza a entrevista pode trazer inibições ao entrevistado. Para o uso de gravador, é necessário solicitar a autorização do entrevistado.
g) Atenção aos itens que o entrevistado deseja esclarecer: o entrevistador não deve manifestar suas opiniões nem apressar o entrevistado, dando-lhe tempo para expor suas conclusões.
h) Asseguramento de condições favoráveis: para o bom desenvolvimento da pesquisa, deve-se procurar evitar desencontros e perda de tempo.

## VANTAGENS DA UTILIZAÇÃO DA ENTREVISTA

a) O pesquisador consegue maior flexibilidade. A entrevista pode ser aplicada em qualquer segmento da população, isto é, o entrevistador pode formular e reformular as questões para melhor entendimento do entrevistado.
b) O entrevistador tem oportunidade de observar atitudes, reações e condutas durante a entrevista.
c) Há oportunidade de obter dados relevantes e mais precisos sobre o objeto de estudo.

Entre as limitações quanto ao uso das entrevistas, é necessário ressaltar que, para o uso dessa técnica, no estudo, o pesquisador despenderá mais tempo. O custo operacional será mais alto, havendo a necessidade de treinar e habilitar o entrevistador para tal função.

# Interpretação dos dados

Na fase de coleta, o pesquisador registra os dados obtidos para depois passar ao processo de classificação e categorização. Nesse momento, os dados são examinados e transformam-se em elementos importantes para a comprovação ou não das hipóteses.

Antes de passar à fase de interpretação, é necessário que o pesquisador examine os dados, isto é, ele deve submetê-los a uma análise crítica, observando falhas, distorções e erros. Uma vez selecionados os dados passíveis de análise e interpretação, os passos seguintes são: classificação, codificação e tabulação.

a) 'Classificação' significa a divisão dos dados em partes, dando-lhes ordem, colocando cada um em seu lugar. O processo de classificação é baseado em determinado critério ou fundamento que orienta a divisão de um todo em partes, classes ou categorias.

Ao classificar os dados não podemos usar mais de um critério, e as categorias estabelecidas devem abranger todos os elementos coletados, não deixando nenhum de fora. Outra preocupação é com relação ao caráter de exclusão mútua que deve existir entre as categorias. Cada elemento, dado ou informação deve ser colocado em uma só categoria.

A classificação é, portanto, uma maneira de distribuir e selecionar os dados obtidos, na fase de coleta, reunindo-os em classes ou grupos, de acordo com os objetivos e interesses da pesquisa.

b) 'Codificação' é um processo utilizado para a colocação de cada informação em categorias, atribuindo-lhes um símbolo. Entre os símbolos mais usados estão as letras do alfabeto ou números. Como se vê, a codificação abrange as tarefas de classificação de dados e atribuição de símbolos (códigos).

A codificação é realizada para tornar mais fácil a execução da fase posterior, a tabulação dos dados. Segundo William Goode e Paul Hatt, na codificação deve-se levar em consideração o número de (1968:401):
- entrevistados ou fontes de dados;
- questões perguntadas;
- complexidade das operações estatísticas planejadas.

A codificação transforma os dados em elementos quantificáveis. Esse processo pode ser executado pelo próprio pesquisador ou por outra pessoa habilitada que exerça a função de codificador.

c) 'Tabulação' é o processo pelo qual se apresentam os dados obtidos da categorização em tabelas. A disposição dos dados graficamente auxilia a interpretação da análise e facilita o processo de inter-relação deles e também com as hipóteses de estudo.

A tabulação pode ser manual ou realizada com o auxílio de máquinas. Em pesquisa de pequeno porte, a tabulação manual pode ser usada satisfatoriamente.

Franz Victor Rudio aconselha o uso de folhas-sumário para a tabulação manual. Essa folha-sumário funcionará como espelho fiel de todas as respostas, que poderão estar codificadas ou não (1979:101).

## EXEMPLO DE FOLHA-SUMÁRIO

| INFORMANTES | SEXO | | IDADE | | | | PROFISSÃO | | |
|---|---|---|---|---|---|---|---|---|---|
| | 1 | 2 | A.1 | A.2 | A.3 | A.4 | B.1 | B.2 | B.3 |
| 1. Pedro | X | | X | | | | X | | |
| 2. Roberto | X | | | X | | | | | X |
| 3. Fernanda | | X | | | X | | | X | |
| TOTAL | | | | | | | | | |

Uma vez que os dados estejam tabulados, é preciso agora analisá-los e interpretá-los. É a fase em que se examinam e se verificam a relevância e o significado desses dados em relação aos propósitos da pesquisa.

A análise evidenciará as relações existentes entre os dados obtidos e os fenômenos estudados. O pesquisador aprofunda-se nos dados decorrentes do tratamento estatístico.

O tratamento dos dados pode ser feito por procedimentos quantitativos e/ou de caráter qualitativo. Com a colaboração de quadros e tabelas, efetuamos o tratamento quantitativo. Com relação às questões de maior dificuldade para a categorização dos dados, principalmente as do tipo abertas, pode-se, em um primeiro plano, realizar a análise do conteúdo e depois elaborar categorias, facilitando a tabulação das mesmas.

A interpretação é uma atividade que leva o pesquisador a dar um significado mais amplo às respostas. "O pesquisador fará as ilações que a lógica lhe permitir e aconselhar, procederá às comparações pertinentes e, na base dos resultados alcançados, enunciará novos princípios e fará as generalizações apropriadas." (Rudio, 1979:104)

Na interpretação dos dados, segundo Eva Maria Lakatos e Marina Marconi, dois aspectos são importantes:

a) a construção de tipos, modelos e esquemas pelo uso dos conceitos teóricos, da relação com as variáveis quantificadas e da realização de comparações pertinentes;

b) a ligação com a teoria, que pressupõe a definição metodológica e teórica do pesquisador em termos de seleção entre as alternativas disponíveis da interpretação da realidade (1983:32).

Nessa fase, é importante retornar ao anteprojeto da pesquisa, buscando expressar o significado do material investigado e analisado em relação às hipóteses de estudo. Chega-se, assim, a generalizações ou formações de leis científicas.

Finalmente, o pesquisador, terminando a interpretação dos dados, passará à montagem do relatório final da pesquisa.

## Estudo de caso

A origem do termo 'estudo de caso' remonta à pesquisa médica e psicológica, referindo-se à análise minuciosa de um caso individual, explicativa de patologias.

Antonio Chizotti, em sua obra *Pesquisa em ciências humanas e sociais*, caracteriza o estudo de caso como uma modalidade de estudo nas ciências sociais, que se volta à coleta e ao registro de informações sobre um ou vários casos particularizados, elaborando relatórios críticos organizados e avaliados, dando margem a decisões e intervenções sobre o objeto escolhido para a investigação — uma comunidade, organização, empresa etc. (1991:102-103).

Entretanto, pode-se realizar o estudo de caso somente tipificando um indivíduo mais acentuado em uma organização institucional ou comunicatória, como centros industriais, comerciais, bairros, hospitais etc.

Os estudos de caso podem se dividir, segundo Augusto Triviños, em:
a) Históricos organizacionais: quando se trata de uma instituição que se deseja examinar.
b) Observacionais: ligados à pesquisa qualitativa e participante, utilizando em alta escala a observação.
c) Histórias de vida: técnica de pesquisa realizada pela avaliação de dados coletados em documentos e depoimentos orais registrados pelo pesquisador ou pelo próprio entrevistado (1987:135).

Contudo, as histórias de vida devem ser complementadas com outras fontes de pesquisa, bem como com outros depoimentos de pessoas ligadas ao sujeito entrevistado. Pode ainda ser um documento escrito pelo próprio pesquisado, ou seja, se constituir em uma autobiografia com interpretações e ampliações do pesquisador.

A história de vida deve englobar as experiências no percurso de toda uma vida, do passado, presente e aspirações futuras. Nesse caso, deve-se estimular a expressão espontânea e livre do pesquisado.

## Relatório final

Não é recomendável iniciar a redação do trabalho antes de ter chegado ao final do processo de organização e interpretação dos dados. As anotações e os fichamentos são elementos que orientarão a redação, isto é, a apresentação dos resultados da investigação. A preocupação é demonstrar todos os procedimentos realizados para chegar aos resultados, que podem ser relatórios parciais (semestrais e/ou anuais) e finais da pesquisa.

Relatar é uma maneira técnica, no caso de pesquisas científicas, de apresentação dos dados alcançados na investigação, porém já organizados e interpretados à luz de categorias teóricas construídas pelo pesquisador ou referências de outros estudiosos.

## Objetivos

Os relatórios de pesquisa devem ser elaborados visando a alcançar os seguintes objetivos:

a) socializar o conhecimento obtido durante o processo de pesquisa científica, isto é, apresentar sistematicamente os resultados do estudo à comunidade científica, às instituições de pesquisa, aos sujeitos envolvidos e à sociedade;

b) retratar todas as abordagens e passos metodológicos desenvolvidos para chegar ao final ou até a fase relatada da pesquisa;

c) servir de documentação técnico-científica para análise e avaliação do próprio pesquisador, da instituição ou agência financiadora do projeto — deve dar ao leitor a possibilidade de avaliar a quantidade e qualidade dos dados apreendidos;

d) demonstrar o desempenho do pesquisador durante o processo do estudo, seus avanços e recuos, esclarecendo as razões de eles terem ocorrido por meio de uma análise crítica aprofundada.

## Construindo o relato

Observando esses objetivos, o acadêmico deve ter algumas precauções na hora da montagem do relatório técnico-científico (concebido como um instrumental para a comunicação de resultados e avaliação do processo investigativo), as quais não se diferenciam muito das principais técnicas e segredos da comunicação escrita.

É necessário, em primeiro lugar, fazer um planejamento quanto à estruturação da forma do relato, sua composição.

A seguir, devem-se distribuir logicamente os itens, tendo por base o projeto de pesquisa — problematização, objetivos e metodologia —, sem perder de vista o contexto da comunicação e a intenção de motivar o leitor para a sua leitura.

Outros cuidados técnicos que se deve ter são com:
a) a disposição gráfica ou *layout*;
b) a paragrafação;
c) o espaçamento (no texto, nas referências bibliográficas e notas de rodapé);
d) a datilografia ou digitação;
e) os grifos e tipos especiais de letras;
f) a utilização eventual de gráficos e ilustrações.

A natureza do tema da pesquisa e a definição dos prováveis leitores do relatório determinarão como se deve relatar. Fundamentalmente, todo relatório deve apresentar as seguintes qualidades: precisão na escrita, clareza, penetração, concisão e estilo. A linguagem científica tem de ser modesta, objetiva, evitando redundância de expressões, imprecisões, desperdício de vocábulos e adjetivação. A sintaxe deve ser cuidadosamente observada.

A colocação das orações deve ser sempre em ordem direta, a partir de apenas uma idéia. Os períodos devem ser curtos, e a terminologia técnica precisa ser acurada, obedecendo às nomenclaturas internacionais convencionais.

Basicamente, devem-se diferenciar 'estilo' e 'conteúdo'. O bom estilo, na comunicação escrita, precisa estar sempre a serviço da exposição do conteúdo. Todavia, a boa apresentação favorece muito a demonstração do conteúdo.

Dessa forma, o relatório deve ser a remontagem do trabalho efetivado por meio de um discurso técnico-científico. A redação não é uma mera transcrição mecânica, mas também não é um romance nem uma forma de auto-engrandecimento perante o leitor.

Lembre-se de que esse relatório é o primeiro passo para a construção de conhecimentos técnico-científicos. Sintetizando, a função básica do relatório final é transmitir com exatidão ao leitor o desenrolar da pesquisa, suas limitações e conquistas, a análise dos dados obtidos, as conclusões e recomendações.

## Normas práticas para a apresentação do relatório final

a) Datilografia ou digitação: o trabalho deve ser apresentado datilografado ou digitado com as devidas correções feitas. Quando as correções forem em demasia, deve-se ter o cuidado de recopiar as páginas.
b) Tipo do papel: normalmente utilizam-se as folhas tamanho ofício (31,5 x 21,5 centímetros) ou aquelas denominadas 'A4' (29,7 x 21 centímetros).
c) Disposição: o texto deve ser datilografado ou digitado em espaço 1,5 (ABNT, NBR 17424). A montagem de um gabarito para a distribuição do texto poderá orientar a execução do trabalho. Por exemplo:

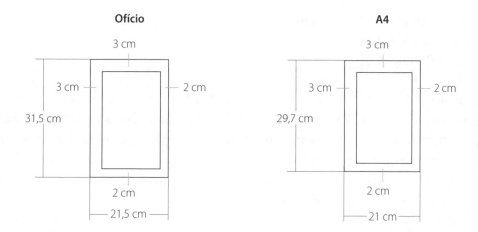

## A estrutura do relatório

Apresentamos o modelo de uma estruturação básica de um relatório de pesquisa. Este, porém, poderá ser adaptado a cada tema e às necessidades do pesquisador; assim alguns itens poderão ser incluídos:

I. Elementos de identificação (a capa e a folha de rosto):
   a) entidade;
   b) título e subtítulo;
   c) pesquisador(es);
   d) número de volumes (se houver);
   e) local da instituição;
   f) ano de depósito.
II. Resumo (*abstract* ou sinopse).
III. Sumário.
IV. Introdução.
V. Relevância do tema da pesquisa (justificativa da escolha do tema).
VI. O problema.
VII. Hipóteses de estudo.
VIII. Quadro teórico de referência (elementos teóricos).
IX. Metodologia da pesquisa.
   1. Estudo preliminar ou exploratório.
   2. Definição do universo e amostragem.
   3. Técnica de investigação.
   4. Fases da investigação.
X. Apresentação e análise dos dados.
XI. Resultados.

XII. Conclusões e recomendações.
XIII. Apêndices/anexos.
XIV. Bibliografia.

Quanto à apresentação do relatório, normalmente a capa e a página de rosto incluem os mesmos itens. O resultado deverá retratar a natureza, o desenvolvimento e os principais resultados da pesquisa. Institutos de pesquisa solicitam que esses resumos não ultrapassem 200 palavras.

O sumário é constituído pela indicação das partes, capítulos e itens. Pode-se dizer que é a apresentação do esqueleto do trabalho.

Na introdução, deve-se situar o tema, fornecendo os elementos fundamentais para maior compreensão do trabalho. A introdução reveste-se de caráter objetivo, chamando a atenção do leitor para os pontos principais e para a metodologia utilizada no desenvolvimento da pesquisa.

Os itens 'relevância do tema da pesquisa', 'o problema' e 'hipóteses de estudo', já elaborados na fase do anteprojeto de pesquisa, neste momento, poderão sofrer algumas modificações e ampliações. Ao término da pesquisa, constata-se, muitas vezes, a necessidade de reformulações e alterações na delimitação do problema, bem como em alguns objetivos.

O quadro de referência teórica também deverá passar pelo mesmo tratamento, incluindo o aprofundamento teórico sobre o tema obtido durante o percurso da investigação. Deve-se atentar para que haja sempre textos atualizados, além dos textos clássicos.

Na apresentação e análise dos dados, o pesquisador deverá, ao categorizar e organizar os seus dados, selecionar o conteúdo a ser apresentado. Informam-se todos os elementos pertinentes e relevantes necessários para a comprovação ou rejeição das hipóteses.

O item 'resultados' é considerado um dos mais importantes do relato final da pesquisa. Ao transcrever os resultados, a interpretação deles é feita em relação às hipóteses. Deve-se também assinalar o significado dos resultados conseguidos para maior compreensão ou solução do problema-objeto de estudo.

As conclusões e recomendações são resultados normalmente de uma reabordagem dos itens anteriores. O relator deverá, nas conclusões, fazer uma síntese geral do conteúdo do trabalho, inserindo algumas observações críticas julgadas convenientes. Nas conclusões, devem-se evidenciar os aspectos mais importantes da pesquisa.

Nas recomendações, pode-se avaliar o processo de pesquisa, sugerindo outras áreas a ser enfocadas em relação ao problema ou modificações importantes para assegurar o êxito de novas pesquisas.

Caso existam tabelas, gráficos e quadros elaborados pelos pesquisadores, eles podem ser incluídos nos apêndices ou anexos.

A bibliografia deve apresentar as obras já incluídas no anteprojeto e as obras acrescidas durante a execução da pesquisa propriamente dita.

## A publicação do relatório

Para ser publicado, o relatório merecerá, na maioria das vezes, um tratamento que lhe dê um formato próprio, obedecendo às normas estabelecidas pelo veículo de publicação: revistas especializadas, sumários, separatas e outros. Comumente, há necessidade de enxugá-lo um pouco, objetivando mais a abordagem metodológica e os resultados.

Do conteúdo existente no relatório podem surgir, além de artigos e outras publicações, as comunicações científicas. Estas serão apresentadas pelos próprios pesquisadores em eventos científicos como congressos de iniciação científica, seminários de estudo, mesas-redondas sobre a temática enfocada e outros.

Consideramos fundamental ao universitário que se empenha na realização de projetos de iniciação científica a participação nesses encontros científicos, não só para a divulgação do seu trabalho, mas para estabelecer um intercâmbio com outros pesquisadores que se interessam pela mesma problemática. Os debates sobre os caminhos utilizados para a investigação favorecem o aprendizado, bem como a evolução no seu processo de formação profissional científica.

CAPÍTULO 8

# O trabalho científico: estruturação

No Capítulo 7 já discorremos sobre os procedimentos a ser seguidos na elaboração de relatórios de pesquisas científicas. Estes não deixam de ser considerados um tipo de trabalho científico, entre outros de que o pesquisador pode fazer uso para sistematizar os resultados de sua investigação. Portanto, na construção de um trabalho científico, algumas questões prévias devem ser levadas em conta pelo estudioso, ou seja, ele deve atentar para a necessidade de planejá-lo e ordená-lo com base em uma estrutura lógica de pensamento e/ou de apresentação. Grosso modo, todo trabalho científico deve ter começo, meio e fim, formando um todo coerente, evolutivo e conclusivo.

Assim, monografias, *papers*, artigos e relatórios de pesquisa devem seguir as formalidades que a própria metodologia científica estabelece como orientações básicas, que contribuirão para a boa elaboração e clareza do relato científico.

Existe sempre um desafio, aos iniciantes, na elaboração de trabalhos científicos; isto é, qualquer tratamento descritivo, analítico ou compreensivo de uma temática exige, antes de tudo, a definição de uma hipótese de trabalho. Segundo Pedro Demo, "um trabalho científico parte de determinada hipótese para ter início e proporcionar a consciência do objetivo final, perseguindo formas de elaboração e contribuição próprias, superando a reprodução" (1994:49).

## Apresentação da estrutura e elaboração de trabalhos e monografias científicas

Os fichamentos efetuados pelo pesquisador darão como resultado a elaboração de trabalhos ou de monografias que contam, basicamente, com a seguinte estrutura:

1. introdução;
2. desenvolvimento;
3. conclusão.

## Introdução

A introdução é a parte inicial de um trabalho científico e fixa os seguintes componentes:
1. justificativa do tema;
2. explicitação do objeto e do objetivo;
3. clarificação dos termos utilizados;
4. exposição metodológica;
5. situação de tempo e espaço em que o tema-problema é estudado.

A introdução de um trabalho tem por finalidade a formulação simples e clara do tema da pesquisa e a apresentação reduzida do *status quaestionis*.

## Desenvolvimento

O desenvolvimento de um relato escrito é composto de seus capítulos e/ou partes redacionais e comunicativas. Essa parte do trabalho científico precisa apresentar objetividade, clareza e precisão, e sua exposição supõe o cumprimento de três estágios: explicação, discussão e demonstração. Tal conteúdo é dividido sistematicamente em capítulos, sendo que cada capítulo tratará de um subtema derivado do tema geral proposto.

Essa é a fase da fundamentação lógica do tema que deve ser exposta e provada; é a reconstrução racional que tem por objetivo explicar, discutir e demonstrar. 'Explicar' é tornar evidente o que estava implícito, obscuro ou complexo; é descrever, classificar e definir. 'Discutir' é comparar as várias posições que se entrechocam dialeticamente. 'Demonstrar' é aplicar a argumentação apropriada à natureza do trabalho, é partir de verdades garantidas para novas verdades.

## Conclusão

Essa fase não é um simples resumo final, mas é fundamentalmente a afirmação sintética da idéia central do trabalho e dos pormenores apresentados no texto. Por isso deve conter comentários e conseqüências próprias da pesquisa, bem como aberturas novas.

Elaborado o relatório, o aluno vai dispor esse conteúdo em uma expressão gráfica, que deve cumprir as exigências próprias da Associação Brasileira de Normas Técnicas (ABNT).

## Apresentação da estrutura redacional do trabalho científico

A estrutura redacional de um trabalho científico, seja em nível de graduação, seja de pós-graduação, deve possuir elementos: 'pré-textuais' ou 'de antetexto'; 'textuais' ou 'de desenvolvimento'; e 'pós-textuais'.

### 1ª fase: elementos pré-textuais ou de antetexto
1. capa (obrigatória);
2. lombada (opcional);
3. folha de rosto (obrigatória);
4. errata (opcional);
5. folha de aprovação (obrigatória);
6. folha de dedicatória(s) (opcional);
7. agradecimento(s) [opcional(is)];
8. epígrafe (opcional);
9. resumo na língua vernácula (obrigatório);
10. resumo na língua estrangeira (obrigatório);
11. lista de ilustrações (opcional);
12. lista de tabelas (opcional);
13. lista de abreviaturas e siglas (opcional);
14. lista de símbolos (opcional);
15. sumário (obrigatório).

### 2ª fase: elementos textuais ou de desenvolvimento
1. introdução;
2. desenvolvimento;
3. conclusão.

### 3ª fase: elementos pós-textuais
1. bibliografia ou referências bibliográficas [obrigatória(s)];
2. glossário (opcionais);
3. apêndices (opcionais);
4. anexos (opcionais);
5. índices (opcionais).

### Elementos formais do antetexto
a) Capa: deve ser classificatoriamente apresentada contendo o nome da instituição no alto da página, o título ao meio e o nome do autor abaixo, ou então o nome da editora, quando o trabalho é publicado. Por exemplo:

```
┌─────────────────────────────────────────────┐
│                  ENTIDADE                   │
└─────────────────────────────────────────────┘


┌─────────────────────────────────────────────┐
│              TÍTULO OU TEMA                 │
└─────────────────────────────────────────────┘


                                  NOME DO ALUNO
┌─────────────────────────────────────────────┐
│                                             │
│                  CIDADE                     │
│                   DATA                      │
│                                             │
└─────────────────────────────────────────────┘
```

**b)** Folha de rosto: repetem-se os dados enunciados na capa, com o nome da instituição no alto da página, o título ao meio, subtítulo se houver e o nome do autor abaixo, ou então o da editora, quando o trabalho é publicado. Além disso, são incluídos: o número de volumes (caso haja mais de um), a natureza do trabalho, o nome do orientador, o local ou instituição onde o trabalho será apresentado e o ano de depósito.

Exemplo:

```
                    INSTITUIÇÃO


                    TÍTULO E TEMA

                  ┌──────────────┐
                  │              │
                  └──────────────┘
                                                ALUNO

        TRABALHO APRESENTADO COMO EXIGÊNCIA
        PARA OBTENÇÃO DE .................................




                      CIDADE


                     DATA (ANO)
```

c) Página de julgamento ou folha de aprovação: são linhas traçadas para a indicação do resultado da avaliação feita por orientadores e/ou professores. Essa página é obrigatória e deve ser colocada após a folha de rosto. Em seguida, apresentamos um modelo simplificado, pois as normas técnicas incluem mais dados, como a especificação do nome do autor, título do trabalho, objetivo, nome da instituição e área de concentração do estudo — vide ABNT, norma brasileira (NBR) em vigor.

---

Esta tese foi defendida em (data), perante a seguinte banca examinadora:

Prof. Dr.                                                                 Presidente

Prof. Dr.

Prof. Dr.

---

d) Folha de dedicatória e folha de agradecimento: essas folhas são optativas e devem ser colocadas após a folha de aprovação.
e) Epígrafe: trata-se de elemento opcional e colocado após os agradecimentos. É um texto destacado no rodapé ou em fim de capítulo.
f) Outros elementos:
   - Prefácio: destina-se, em termos de comunicação, a estabelecer as finalidades propostas pelo autor.

No prefácio, há respostas às seguintes perguntas formuladas: quais são as finalidades do autor? Em que circunstâncias o autor realizou a obra? A qual público a obra se destina? Os dados colocados e os seus resultados cumprem quais finalidades?

Dependendo da natureza do trabalho, esse elemento é opcional ou então não incluso, como no caso de dissertações e teses.
   - Resumo na língua vernácula: a apresentação do resumo é obrigatória. Todo resumo deve ser objetivo, claro, demonstrando os objetivos do trabalho, a metodologia e a descrição breve das conclusões. Não pode ultrapassar 500 palavras e deve ser seguido pelas palavras-chave e/ou descritores do estudo, quando se tratar de trabalhos acadêmicos e relatórios técnico-científicos. Para artigos

de periódicos, os resumos são de 100 a 250 palavras e, para indicações breves, aconselha-se elaborar um resumo.
- Resumo em língua estrangeira: dependendo da natureza do trabalho, esse elemento é obrigatório, como no caso de artigos científicos, dissertações e teses. Segue as mesmas características do resumo na língua vernácula e comumente é feito em inglês (abstract), espanhol (resumen) ou francês (resume). É colocado após o resumo na língua vernácula em folha separada.
- Lista de ilustrações: essa página deve conter, em ordem apresentada no texto, cada tipo de ilustração existente (desenhos, esquemas, fluxogramas, fotografias, gráficos, mapas, organogramas, quadros e outros) com o respectivo número da página.
- Lista de tabelas: folha opcional, também elaborada de acordo com a apresentação das tabelas no texto. Há a necessidade de especificar o título da tabela e o número da página.
- Lista de abreviaturas e siglas: esse elemento é opcional, uma vez que no texto deve ser apresentado sempre por extenso o significado das abreviaturas e siglas usadas ou então indicadas. Contudo, recomenda-se a elaboração de uma lista própria para cada tipo, utilizando-se da ordem alfabética seguida pela correspondente expressão grafada por extenso.
- Sumário: é o esqueleto do trabalho ou da obra. É o que denominamos 'índice'; portanto, indica assunto e paginação. Os títulos primários são enumerados em ordem 1, 2, 3, 4, 5...; os secundários enumeram-se 2.1, 2.2, 2.3, 2.4, 2.5...; e os terciários 2.1.1, 2.1.2, 2.1.3, 2.1.4, 2.1.5... etc.

Sobre o texto propriamente dito, já nos referimos a ele quando conceituamos o corpo do trabalho composto de introdução, desenvolvimento e conclusão.

## Pós-texto

Referências bibliográficas são a listagem de livros, textos e artigos consultados para a elaboração científica dos trabalhos. Os elementos aparecem na seguinte ordem:
1. nome do autor;
2. título da obra;
3. tradutor;
4. edição nº;
5. local de publicação;
6. editora;
7. ano de publicação;

8. nº de volume e de páginas;
9. tabelas, figuras e anexos;
10. dimensão;
11. preço;
12. ano de aquisição.

Fechando o capítulo, fazemos uma referência aos aspectos gráficos e materiais da redação do trabalho acadêmico.

## Tamanho das folhas e disposição do texto

O aluno deve lembrar que proporcionará boa impressão aos seus professores se apresentar um trabalho bem-cuidado. Para isso, graficamente, ele precisa cuidar para que:
a) o papel seja branco e de boa qualidade, com formato ofício (31,5 x 21,5 centímetros) ou A4 (29,7 x 21 centímetros);
b) o texto seja digitado em espaço 1,5, jogando para espaço 3 os títulos de seções e subseções separando-os do texto que os precede.

A margem superior do papel deve ter 3 centímetros; as margens inferior e direita, 2 centímetros; e a esquerda, 3 centímetros.

A numeração das páginas começa a ser indicada a partir do sumário. Contudo, a contagem do número de páginas inicia-se a partir da folha de rosto. Ou seja, embora se comece a escrever a numeração das páginas a partir do sumário, na primeira página da introdução, devem ser levadas em conta as páginas anteriores, nas quais se omitiu a colocação dos números; assim, o primeiro número a se escrever poderá ser 3, 4, 5, 7, 8, 9 ou 10.

O número de cada folha deve estar impresso no canto superior da folha à sua direita, a 2 centímetros da borda superior do papel.

Quanto aos parágrafos, devem avançar 8 a 10 centímetros adiante da margem esquerda.

Outros aspectos aos quais se deve prestar atenção são:
a) Capítulos: cada capítulo corresponde a um tema e/ou subtema que está sendo tratado. Por isso, ele deve começar em página própria ou página nova, mesmo que o capítulo anterior de seu trabalho tenha terminado com uma única linha, o que é impossível.
Cada capítulo deve ser numerado originalmente à base do referencial romano e centralizado no alto da página à margem abaixo de 5 centímetros da borda.

Cada um tem uma titulação, que é escrita em letra maiúscula, sem pontuação, ocupando a linha correspondente a duas linhas abaixo do início da folha.

b) Títulos:
- Centrados: são utilizados para as divisões principais dos capítulos. Estão, por isso, centrados nas páginas, escritos em letras minúsculas, com a letra inicial em maiúscula.
- Laterais: são usados para as subdivisões capitulares e datilografados ou digitados à margem esquerda da folha. Na maioria das vezes, eles são numerados.

c) Glossário: trata de relacionar palavras técnicas e especiais, contidas em obras gerais ou específicas, e ajuda o estudante a compreender o sentido do texto.

d) Apêndices e anexos: são inclusões de textos ou de ilustrações complementares que o autor ou o estudante julga mais conveniente adicionar na elaboração de seu trabalho. Denominam-se 'apêndices' os textos ou composições de autoria própria, e 'anexos' os textos e expressões da realidade extraídos de fontes ou de bibliografia.

Os apêndices e anexos devem aparecer após a conclusão, mas antes da bibliografia, começando nova folha, como se fossem mais um capítulo.

Vale alertar o autor de trabalhos científicos que o projeto gráfico do trabalho é de sua responsabilidade. Porém, é comum as instituições de educação superior possuírem suas normatizações em documentos próprios, observando-se as normas técnicas em vigor.

Por isso, apesar de nossas indicações, sempre há a necessidade de complementação das informações, consultando os documentos emitidos pela ABNT.

## Citações

As citações ou transcrições de documentos bibliográficos servem para fortalecer e apoiar a tese do pesquisador ou para documentar sua interpretação. Componentes relevantes para descrição, explicação ou exposições temáticas devem ser citados. Esse recurso é útil para o investigador refutar ou aceitar o raciocínio e a exposição de um autor como suporte.

As citações breves, de até três linhas, podem ser inseridas no texto. Se forem literais, vão entre aspas, acompanhadas de indicações devidamente numeradas. Por exemplo: "'Ideologia' quer dizer a presença típica do homem naquilo que tem de subjetivo, histórico, opcional".[1] As aspas simples são utilizadas para a indicação de citação dentro da citação.

Notas de rodapé são aquelas que indicam quais foram as fontes consultadas para a abordagem do tema. Podem se constituir em indicações, observações ou aditamento ao texto elaborado pelo autor, tradutor ou editor.

Para as notas de rodapé que dizem respeito à mesma obra de um mesmo autor, mudando só a página, será usada a palavra latina 'ibid.'.

A expressão 'idem' é empregada quando o autor é o mesmo da citação anterior, mas a obra é diferente.

As citações longas ou com mais de três linhas devem ser feitas em parágrafos diferentes e podem ser precedidas de dois pontos, com recuo de 4 centímetros da margem esquerda e escritas com letra menor em espaço especial sem as aspas.

Caso apareçam no texto citado componentes ou itens que não sejam de interesse reproduzir, esses itens serão omitidos. No caso de supressão, utiliza-se '[...]', e, para interpolações, acréscimos ou comentários do próprio autor do trabalho, por exemplo, são usados somente os colchetes. Por exemplo: "Ele [Jacques Maritain] afirma..."

Para ênfase ou destaque, indica-se com grifo, negrito ou itálico. Quanto às citações feitas dentro de citações, usaremos as expressões latinas denominadas convencional e literalmente 'in' ou 'apud'.

Neste item também recomendamos sempre buscar atualização nos documentos que são renovados ou revistos pela ABNT. O apoio de um bibliotecário da instituição educacional para a revisão do texto é necessário, pois esse profissional deve estar atualizado para orientar os pesquisadores e graduandos quanto a esses elementos. As normas técnicas ainda em vigor sobre a apresentação de citações em documentos, NBR 10.520 do ano de 2002, trazem mais especificações sobre diversas formas dos seus usos em textos científicos.

## Referências bibliográficas

### Definição

Entende-se por 'referência bibliográfica' um conjunto de indicações precisas e minuciosas que permitem a identificação de publicações no todo ou em parte, bem como de materiais eletrônicos (CD-ROMs, microfichas etc.), sonoros, catálogos, mapas, gravações, filmes e outros.

Para citação, sugerimos a utilização da NBR 6.023 da ABNT. As normas a seguir estabelecem o modo como devem ser referenciadas as publicações mencionadas em um trabalho. A folha de rosto do documento que se quer citar comumente traz um sumário com todos os elementos necessários para a referência bibliográfica.

### Modelos de bibliografia

**Artigos de periódicos**
1. Autor;

2. título do trabalho;
3. título do periódico abreviado;
4. local de publicação;
5. número do volume;
6. número do fascículo;
7. número de páginas;
8. mês;
9. ano.

a) Sem autor: nesse caso, deve-se iniciar pelo título do artigo.
- INDÚSTRIA de máquinas questiona ação do governo. *Dirigente Industrial*, Rio de Janeiro, v. 24, n. 7, p. 48-50, jul. 1983.

b) Com um autor:
- MOURA, A. S. "Direito de habitação às classes de baixa renda". *Ciências & Trópico*, Recife, v. 11, n. 1, p. 71-8, jan./jun. 1983.

c) Com dois autores:
- VIG, P. S.; COHEN, A. M. "Vertical browth of the lips: a serial cephalometric study". *Amer. J. Orthodont.*, Saint Louis, v. 75, n. 4, p. 405-415, apr. 1979.

d) Com três autores:
- COFFEY Junior, J. D.; BOOTH, H. N.; MARTIN, A. D. "Otitis media in the practice of pediatrics: bacteriological and clinical observations". *Pediatrics*, Evanston, v. 38, n. 1, p. 25-32, jul. 1966.

e) Com mais de três autores:
- FRYNS, J. P. et alii. "Excess of mental retardations and/or congenital malformation in reciprocal translocations in man". *Hum. Genet.*, Berlin, v. 72, n. 1, p. 1-8, jan. 1986.

**Fascículo**
1. Título do periódico;
2. local de publicação;
3. edição;
4. datas de início e de encerramento da edição.

Quando for necessário, podem ser incluídos elementos complementares para facilitar a identificação do documento.
- SERVIÇO SOCIAL & SOCIEDADE. São Paulo: Cortez, ano 18, n. 54, jul. 1997.

**Fascículo de periódico**
1. Título do trabalho;

2. título do periódico abreviado;
3. local de publicação;
4. volume;
5. ano;
6. número de páginas.
- VETERINÁRIA E ZOOTECNIA. São Paulo: Unesp, v. 1, 1985, 105 p.

**Fascículo dedicado a um tema com editor responsável**
1. Autor;
2. título do trabalho;
3. título do periódico abreviado;
4. local de publicação;
5. editor;
6. número do volume;
7. número de páginas;
8. ano.
- GACE, T. (ed.) Symposium on pharmacology and therapeutics. Dent. Clin. North Am., v. 28, p. 386-7, 1984.

**Artigo de jornal**
1. Autor;
2. título da reportagem;
3. título do jornal;
4. local de publicação;
5. mês;
6. ano;
7. seção ou suplemento (se houver);
8. páginas inicial e final.
- AMARAL, L. H.; GALVÃO, E. "Marcha contra o trabalho infantil parte de São Paulo". *Folha de São Paulo*, São Paulo, 25 fev. 1998, p. 1-6.

**Livro**
1. Autor;
2. título da obra;
3. número da edição;
4. local de publicacão;
5. casa publicadora;
6. data da publicação.

a) Com um autor:
- ACKOFF, R. L. *Planejamento de pesquisa social*. São Paulo: Edusp, 1962.

b) Com dois autores:
- HERSEY, P.; BLANCHARD, K. H. *Psicologia para administradores de empresas: a utilização de recursos humanos*. 2. ed. São Paulo: EPU, 1977.

c) Com três autores:
- AMARAL, E.; SEVERINO, A.; PATROCÍNIO, M. F. do. *Novo manual de redação: gramática, literatura, interpretação de texto*. São Paulo: Círculo do Livro, 1994.
- SELLTIZ, C. et alii. *Métodos de pesquisa nas relações sociais*. São Paulo: Herder, 1965.

d) Com mais de três autores:
- MONDELLI, J. et alii. *Restaurações estéticas*. São Paulo: Sarvier, 1984.

e) Livro traduzido:
- JERGER, S.; JERGER, J. *Alterações auditivas: manual para avaliação clínica*. Tradução de Deli M. Heliane Campanatti e Maria Valéria Schmidt Goffi. Rio de Janeiro: Atheneu, 1989.

**Capítulo de livro**
1. Autor do capítulo;
2. título do capítulo;
3. palavra 'In:';
4. autor do livro;
5. título do livro;
6. local de publicação;
7. casa publicadora;
8. ano;
9. volume;
10. páginas do capítulo.
- REIS, E. P. "Governabilidade e solidariedade". In: VALLADARES, L. (org.) *Governabilidade e pobreza no Brasil*. Rio de Janeiro: Civilização Brasileira, 1995, p. 49-64.

**Teses, monografias e dissertações**
1. Autor;
2. título e subtítulo;
3. local;
4. edição;

5. data;
6. número de páginas;
7. categoria ou natureza do trabalho;
8. grau e área de concentração;
9. nome da instituição em que o trabalho foi defendido.
- SANTOS, M. *Mulher operária: trabalho, cotidiano e indústria cultural*. Franca/SP, 1997, 201 p. Tese (Doutorado em Serviço Social) — Faculdade de História, Direito e Serviço Social, Universidade Estadual Paulista.

**Monografias em meio eletrônico**

Além dos elementos indicados no item anterior, acrescem-se as informações sobre o meio eletrônico (disquete, CD-ROM, on-line etc.). Caso a consulta tenha sido realizada somente on-line também há a necessidade de inclusão do endereço eletrônico apresentado entre os sinais '<' e '>' com a expressão 'disponível em:', e, em seguida, a indicação da data de acesso do documento.

Conforme exemplo da NBR 60.023 da ABNT, temos:
- ALVES, C. *Navio negreiro*. [S. 1.]: Virtual Books, 2000. Disponível em: <http://www.terra.com.br/virtualbooks/freebook/port/lport2/navionegreiro.htm>. Acesso em: 10 jan. 2002.

Para outros casos, como referências de partes de monografia, impressas ou on-line, os elementos essenciais a ser indicados são:
1. autor(es);
2. título da parte abrangida;
3. expressão 'In:';
4. referência completa da monografia;
5. paginação da parte referenciada.

E, com relação à pesquisa em meio eletrônico, devem-se acrescentar as informações relativas à descrição física desse meio eletrônico.

Referências legislativas

a) Leis, decretos e portarias:
   1. local (país, estado ou cidade);
   2. jurisdição (cabeçalho da entidade, no caso de normas e portarias);
   3. título;
   4. numeração;
   5. data de publicação.
- BRASIL. *Código civil*. 46. ed. São Paulo: Saraiva, 2004.

- BRASIL. Constituição (1988). Emenda Constitucional nº 9, de 9 de novembro de 1995. Lex: Legislação federal e marginália. São Paulo, v. 59, p. 1960, out./dez. 1995.
- SÃO PAULO (Estado). Decreto nº 3 3.161, de 2 de abril de 1991. Introduz alterações na legislação do imposto de circulação de mercadorias e prestação de serviços. Legislação: coletânea de leis e decretos. São Paulo, v. 27, n. 4, p. 42, abr. 1991.

b) Acórdãos, decisões e sentenças das cortes ou tribunais:
  1. local (país, estado ou cidade);
  2. nome da corte ou tribunal (órgão judiciário competente);
  3. ementa ou acórdão (título);
  4. tipo e número de recurso (agravo de instrumento, agravo de petição, apelação civil, apelação criminal, embargo, *habeas corpus*, mandado de segurança, recurso extraordinário, recurso de revista etc.);
  5. partes litigantes (se houver);
  6. nome do relator precedido da palavra 'relator';
  7. data do acórdão (se houver);
  8. indicação da publicação que divulgou o acórdão, decisão, sentença etc., de acordo com as regras apresentadas no presente trabalho.

- BRASIL. Supremo Tribunal Federal. Deferimento de pedido de extradição. Extradição nº 410. Estados Unidos da América e José Antonio Fernandez. Relator: Ministro Rafael Mayer. 21 de março de 1984. *Revista Trimestral de Jurisprudência*, Brasília, v. 109, p. 870-9, set. 1984.

c) Outras entradas para referências legislativas:
- BRASIL. Congresso. Câmara dos Deputados, SÃO PAULO (estado). Assembléia Legislativa, BAHIA. Tribunal de Contas.

d) Documento jurídico em meio eletrônico: os elementos essenciais são os indicados para documento jurídico, acrescidos das informações referentes à descrição física do meio eletrônico (disquete, CD-ROM, on-line etc.).

Conforme exemplo apresentado na NBR 6.023, da ABNT, temos:
- BRASIL. Supremo Tribunal Federal. Súmula nº 14. Não é admissível, por ato administrativo, restringir, em razão de idade, inscrição em concurso para cargo público. Disponível em: <http://www.truenetm.com.br/jurisnet/sumusSTF.html>. Acesso em 29 nov. 1998.

## Documento sonoro no todo

Esses documentos podem ser disco, CD, fita cassete, rolo etc.
1. Compositor(es) ou intérprete(s);

2. título;
3. local;
4. gravadora (ou equivalente);
5. data;
6. suporte.
- ALCIONE. Ouro e cobre. São Paulo: RCA Victor, p. 1988. 1 disco sonoro.

Conforme indicado na NBR 6.023 de 2002, caso haja a necessidade de inclusão de dados complementares para facilitar a identificação do documento, teremos:
- ALCIONE. Ouro e cobre. Direção artística: Miguel Propschi. São Paulo: RCA Victor, p. 1988. 1 disco sonoro (45 min.), 33 1/3 rpm, estéreo, 12 pol.

**CD-ROM**
1. Autor;
2. título do trabalho;
3. evento;
4. local;
5. data.
- LEHFELD, N. "Municipalização e a política de proteção ao adolescente". In: II Congresso de Americanistas. Halle, 1998/Abstracts on CD-ROM, 1998.

**Softwares**
1. Instituição ou organismo produtor;
2. título do trabalho;
3. título do programa;
4. local;
5. data.
- UNIVERSIDADE DE SÃO PAULO. Sistema Integrado de Bibliotecas. Comissão de estudos sobre comutação bibliográfica. Programa Siscomut: programa automatizado para controle de atendimento da comutação bibliográfica (software). São Paulo: Sibi/USP, 1994, 26 p.t. disquete.

**Internet**
1. Autor;
2. título do trabalho;
3. site;
4. data de obtenção do dado.
- ALIGHIERI, D. *Da Divina Comédia*. Disponível em: http://www.cswit/ltm/literatura, 1997.

Vale ressaltar que os exemplos dados para referenciar *softwares* e Internet, nos trabalhos científicos, foram extraídos da obra *Tratado de metodologia científica*, de autoria de Sílvio de Oliveira, bem como do próprio documento da ABNT, NBR 6.023 de 2002 (1998:279).

## Patente

A referência a patentes é muito encontrada em trabalhos de ciências biológicas e exatas. Portanto, deve-se observar que os elementos essenciais a ser indicados são:
1. entidade responsável e/ou autor;
2. título;
3. número da patente;
4. datas (período do registro).

Conforme exemplo indicado na NBR 6.023, temos:
- EMBRAPA. Unidade de Apoio, Pesquisa e Desenvolvimento de Instrumentação Agropecuária (São Carlos, SP). Paulo Estevão Cruvinel. Medidor digital multissensor de temperatura para solos. BR n. P18903105.9, 26 jun. 1989, 30 maio 1995.

## Filmes e gravações de vídeo

1. Nome do filme;
2. termo 'filme' entre colchetes;
3. palavra 'direção' seguida do nome do diretor;
4. local;
5. produtora;
6. ano;
7. número de unidades físicas (bobinas, cartucho, cassete);
8. tempo de projeção;
9. características de som;
10. cor;
11. dimensões;
12. sistema de gravação para vídeo.

- JOHN KENNEDY. Chicago: Emerson Film Corp.: Dist. Encyclopaedia Britannica Films, 1950. 1 bobina cinematográfica. (18 min.): son., color.; 16 mm.

## Fotografias

1. Nome do fotógrafo;
2. título;
3. ano;
4. número de unidades físicas;

5. indicação de cor;
6. dimensões.
- KOBAYASHI, K. Dança dos xavantes. 1980. 1 foto: color.; 16 x 56 cm.

### Dispositivos (slides)
1. Título;
2. local;
3. produtor;
4. ano;
5. número de diapositivos;
6. indicação de cor;
7. dimensões em centímetros.
- TRATAMENTO de escaras. São Paulo: USP, 1997. 10 draps.: color.; 5 x 5 cm.

### Entrevistas
a) Não publicadas:
   1. entrevistado;
   2. título;
   3. local;
   4. data.
- SILVEIRA, U. Entrevista concedida a Neide Lehfeld. Ribeirão Preto, 20 out. 1999.

b) Publicadas:
   1. entrevistado;
   2. título da entrevista;
   3. referenciação da publicação;
   4. nota da entrevista.
- BERGER, Roland."Dinheiro não é tudo". *Veja*, São Paulo, v. 32, n. 26, 30 jul. 1999.

Vale salientar que a ordenação das referências dos documentos citados em um texto elaborado deve obedecer ao sistema indicado pela NBR 10.520, da ABNT, para citações. Os mais usados são os sistemas alfabético (ordem alfabética de entrada) e numérico (ordem de citação no texto).

Caso o autor opte pelo sistema alfabético, as referências serão reunidas no final do trabalho científico em uma única ordem. No sistema numérico, a lista de referências seguirá a ordem numérica crescente observando-se o que foi utilizado dentro do texto. Este último sistema não pode ser utilizado concomitantemente para referências e notas explicativas.

Esclarecemos que, neste item do livro, foram colocadas as explicações mais relacionadas ao que comumente o graduando e o pesquisador iniciante necessitariam para a elaboração do seu artigo, monografia e/ou dissertação. Contudo, valorizamos o apoio que as bibliotecárias de sua instituição educacional e/ou de pesquisa possam dar em razão das modificações que surgem nas NRs. Aconselha-se também buscar a complementaridade dessas informações na consulta à própria ABNT no endereço eletrônico: www.abnt.org.br.

Finalmente, o mais importante é não deixar de referenciar os documentos consultados e tomar cuidado com a inclusão de textos em seu trabalho sem a indicação do autor correspondente, pois esse ato pode ser considerado plágio ou cópia e, conseqüentemente, reprovado pelos avaliadores e/ou leitores de sua produção científica.

## Lista de abreviaturas mais usadas

| Termos | Abreviaturas |
|---|---|
| abril | abr. |
| artigo | art. |
| assinatura | ass. |
| autor(es) | A., AA. |
| bibliografia | bibliogr. |
| biografia | biogr. |
| caixa alta | CA |
| caixa baixa | Cb |
| capítulo(s) | cap. |
| catálogo | cat. |
| citação | cit. |
| citado(a) | cit. |
| co-edição | co-ed. |
| co-editor(a) | co-ed. |
| confira | cf. |
| confronte (*confer*) | cf. |
| coordenação | coord. |
| dezembro | dez. |

| | |
|---|---|
| diafilme | diaf. |
| dicionário | dic. |
| dissertação | diss. |
| e outros (et alii) | et al. |
| e seguintes | ss |
| edição | ed. |
| editado(a) | ed. |
| editor(a) | ed. |
| exemplo | ex. |
| fascículo | fasc. |
| fevereiro | fev. |
| figura(s) | fig. |
| folha | f. |
| folha de rosto | f. rosto |
| glossário | gloss. |
| gravado(a) | grav. |
| heliográfico | heliogr. |
| ibidem | ibid. |
| iconografia | iconogr. |
| idem | id. |
| ilustração | il. |
| ilustrado(a) | il. |
| ilustrador(a) | il. |
| incluso | incl. |
| índice | índ. |
| lugar citado | loc. cit. |
| março | mar. |
| minuto | min. |
| não paginado | não pag. |
| note bem | N. B. |
| novembro | nov. |
| número | n. |
| obra citada | op. cit. |

| | |
|---|---|
| observação | obs. |
| opúsculo | opúsc. |
| página de rosto | p. rosto |
| por exemplo | p. ex. |
| pseudônimo | pseud. |
| publicação | publ. |
| reimpressão | reimpr. |
| reimpresso | reimp. |
| resumo | res. |
| revisado(a) | rev. |
| seguinte | seg. |
| segundo | s. |
| sem data | s.d. |
| sem lugar de publicação (*sine loco*) | s.l. |
| sem nome de editor(a) (*sine nomine*) | s.n. |
| sem nome de publicador(a) (*sine nomine*) | s.n. |
| separata | sep. |
| série | sér. |
| setembro | set. |
| tradução | trad. |
| tradutor(a) | trad. |
| verbi gratia | v.g. |
| vocabulário | vocab. |
| volume(s) | v., vol. |
| xilografia | xilogr. |

# Conclusão

O trabalho científico e a vida universitária, atualmente, têm colocado àqueles que tentam compreendê-los e analisá-los criticamente uma série de problemas, definições e conceitos inquietantes aos quais a metodologia científica, se não oferece modelos para soluções, fornece o caminho da organização do pensamento e da ação, viabilizando e sistematizando o desenvolvimento do saber científico e da técnica.

Defendendo as premissas de que a ciência só se constrói em uma visão de criticidade, descoberta e criatividade e de que esse tripé tem a sua fundamentação e retorno com relação ao homem como centro do universo, capaz de conhecer e ser conhecido, é que nos propusemos a fixar as concepções fundamentais sobre o engajamento da vida acadêmica nos processos do conhecimento, do saber, da pesquisa e da metodologia.

Abrangemos, para tal objetivo, proposições teóricas e alguns indicadores da ação investigatória, porquanto sabemos de antemão que toda práxis há de estar situada à base não de conceitos preestabelecidos, mas pelo menos de algumas iniciações conceituais, as quais permitirão ao estudante começar a manipulação da teoria e da própria prática, reformulando-as e/ou transformando-as segundo as sugestões das realidades fenomenais.

Desejamos crer que a finalidade para a qual este livro foi escrito tenha atingido seu alvo, ou seja, o de demonstrar que a metodologia científica contém, em sua essência, componentes imprescindíveis à formação do estudante em nível de graduação e de pós-graduação. Esses componentes ficaram distribuídos de forma geral em relação à filosofia da ciência, à concepção metodológica da pesquisa e à concepção da universidade como centro de elaboração e difusão do saber, bem como da sua aplicação para a elaboração do processo histórico do homem e da sociedade.

Se as tônicas foram gerais, foi proposital esse nosso enfoque, porquanto é a partir dessas generalizações que pretendemos encaminhar análises mais particulares.

# Bibliografia

ABNT. *Informação e documentação*. Rio de Janeiro: ABNT, 2002.
ABRAMCZUK, A. A. *O mito da ciência moderna*: proposta de análise da física como base de ideologia totalitária. São Paulo: Cortez, 1989.
ACKOFF, R. L. *Planejamento de pesquisa social*. São Paulo: Herder: Edusp, 1967.
ALATORRE, A. M. *Tesis profesionales*. Trad. de Juan Antonio R. Fernandes. 7. ed. Ciudad de México: Porrúa, 1973.
AMARAL, H. S. do. *Comunicação, pesquisa e documentação*: método e técnica de trabalho acadêmico e de redação jornalística. Rio de Janeiro: Graal, 1981.
ANDER-EGG, E. *Introduccion a las tecnicas de investigación social*: para trabajadores sociales. 7. ed. Buenos Aires: Humanistas, 1978.
ANDERY, M. A. et alii. *Para compreender a ciência numa perspectiva histórica*. 6. ed. São Paulo: Educ, 1996.
ARISTÓTELES. *Metafísica*. Madrid: Gredos, 1981.
AZEVEDO, A. G.; CAMPOS, P. H. B. *Estatística básica*. 3. ed. Rio de Janeiro: Livros Técnicos e Científicos, 1978.
BACHELARD, G. *Filosofia do novo espírito científico:* a filosofia do não. Lisboa: Presença, 1972.
BARBOSA Filho, M. *Introdução à pesquisa:* métodos, técnicas e instrumentos. 2. ed. Rio de Janeiro: Livros Técnicos e Científicos, 1980.
BASTOS, C.; KELLER, V. *Aprendendo a aprender*: introdução à metodologia científica. Petrópolis: Vozes, 1992.
BASTOS, L. da R. et alii. *Manual para a elaboração de projetos e relatórios de pesquisa, teses e dissertações*. Rio de Janeiro: Zahar, 1979.

BERGER, P. L. *A construção social da realidade*. Petrópolis: Vozes, 1973.

BERQUÓ, E. S. et alii. *Bioestatística*. São Paulo: EPU, 1980.

BLALOCK Junior, H. M. *Introdução à pesquisa social*. 2. ed. Rio de Janeiro: Zahar, 1976.

BOUDON, R. *A ideologia*. São Paulo: Ática, 1989.

BOUDON, R. et alii. *Metodología de las ciencias sociales*. 2. ed. Barcelona: Laia, v. 3, 1979.

BRUYNE, P. de et alii. *Dinâmica da pesquisa em ciências sociais:* os pólos da prática metodológica. Rio de Janeiro: Francisco Alves, 1977.

BUARQUE, C. *A aventura da universidade*. São Paulo: Edunesp, 1994.

BUNGE, M. *Teoría y realidad*. Barcelona: Ariel, 1972.

_____. *Teoria e realidade*. São Paulo: Perspectiva, 1974.

_____. *La ciencia, su método y su filosofía*. Buenos Aires: Siglo Veinte, 1974.

_____. *La investigación científica*: su estrategia y su filosofía. 5. ed. Barcelona: Ariel, 1976.

_____. *Epistemologia*: curso de atualização. São Paulo: T. A. Queiroz: Edusp, 1980.

CAJAL, S. R y. *Regras e conselhos sobre a investigação científica*. 3. ed. São Paulo: T. A. Queiroz: Edusp, 1979.

CAMPBELL, D. T.; STANLEY, J. C. *Delineamentos experimentais e quase-experimentais de pesquisa*. São Paulo: EPU: Edusp, 1979.

CAPALBO, C. *Metodologia das ciências sociais*: a fenomenologia de Alfred Schultz. Rio de Janeiro: Antares, 1979.

CARDOSO, C. M.; DOMINGUES, M. *O trabalho científico*: fundamentos filosóficos e metodológicos. Bauru: Jalovi, 1980.

CASTRO, C. de M. *A prática da pesquisa*. São Paulo: McGraw-Hill do Brasil, 1978a.

_____. *Estrutura e apresentação de publicações científicas*. São Paulo: McGraw-Hill do Brasil, 1978b.

CERVO, A. L.; BERVIAN, P. A. *Metodologia científica*: para uso dos estudantes universitários. 4. ed. São Paulo: McGraw-Hill do Brasil, 1996.

CHAUÍ, M. *Convite à filosofia*. 4. ed. São Paulo: Ática, 1994.

CHIZZOTI, A. *Pesquisa em ciências humanas e sociais*. São Paulo: Cortez, 1991.

CLARK, M. A. G. *La praxis del trabajo social en una dirección científica:* teoría, metodología, instrumental de campo. Buenos Aires: Ecro, 1973.

CLOCK, C. Y. *Diseño y análisis de encuestas en sociología*. Buenos Aires: Nueva Visión, 1973.

COHEN, M.; NAGEL, E. *Introducción a la lógica y al método científico*. 2. ed. Buenos Aires: Amorrortu, v. 2, 1971.

CONTANDRIOPOULOS, A. P. et alii. *Saber preparar uma pesquisa*. 2. ed. São Paulo: Hucitec; Rio de Janeiro: Abrasco, 1997.
DANIELLI, I. *Roteiro de estudo de metodologia científica*. Brasília: Horizonte, 1980.
DEMO, P. *Ciências sociais e qualidade*. São Paulo: Almed, 1985.
_____. *Metodologia científica em ciências sociais*. São Paulo: Atlas, 1989.
_____. *Pesquisa*: princípio científico e educativo. 2. ed. São Paulo: Cortez, 1991.
_____. *Pesquisa e construção do conhecimento*. Rio de Janeiro: Tempo Brasileiro, 1994.
_____. *Educar pela pesquisa*. Campinas: Autores Associados, 1996.
_____. *A nova LDB*: ranços e avanços. 2. ed. Campinas: Paperes, 1997.
DUVERGER, M. *Ciência política*: teoria e método. 2. ed. Rio de Janeiro: Zahar, 1976.
ENGELS, F. *Dialética da natureza*. 2. ed. São Paulo: Martins Fontes, 1978.
FADIMAN, J. *Teorias da personalidade*. São Paulo: Harper, 1979.
FERRARI, A. T. *Metodologia da pesquisa científica*. Rio de Janeiro: McGraw-Hill, 1982.
_____. *Metodologia da ciência*. 3. ed. Rio de Janeiro: Kennedy, 1984.
FESTINGER, L.; KATZ, D. *A pesquisa na psicologia social*. Rio de Janeiro: FGV, 1974.
FEYERABEND, P. *Contra o método*: esboço de uma teoria anárquica da teoria do conhecimento. Rio de Janeiro: Francisco Alves, 1977.
FONSECA, E. N. *Problemas de comunicação da informação científica*. São Paulo: Thesaurus, 1975.
FORREZ, G. *A construção das ciências*: introdução à filosofia e a ética das ciências. São Paulo: Unesp, 1995.
FRAGATA, J. S. I. *Noções de metodologia*: para elaboração de um trabalho científico. Porto: Tavares Martins, 1980.
GALLIANO, A. G. (org.) *O método científico*: teoria e prática. São Paulo: Harper & Row do Brasil, 1979.
GALTUNG, J. *Teoría y métodos de la investigación social*. 5. ed. Buenos Aires: Eudeba, v. 2, 1978.
GATTI, B. A.; FERES, N. L. *Estatística básica para ciências humanas*. São Paulo: AlfaÔmega, 1975.
GIBSON, Q. *La lógica de la investigación social*. 2. ed. Madrid: Tecnos, 1964.
GIDDENS, A. *Novas regras do método sociológico*: uma crítica positiva das sociologias compreensivas. Rio de Janeiro: Zahar, 1978.
GIL, A. C. *Métodos e técnicas de pesquisa social*. São Paulo: Atlas, 1987.
GOLDENBERG, M. R. *A arte de pesquisar*: como fazer pesquisa qualitativa em ciências sociais. 2. ed. Rio de Janeiro: Record, 1998.
GOLDMANN, L. *Dialética e ciências humanas*. Lisboa: Presença, v. 2, 1972.

GOODE, W. J.; HATT, P. K. *Métodos em pesquisa social*. 2. ed. São Paulo: Nacional, 1968.

GRANGER, G.G. *A ciência e as ciências*. São Paulo, UNESP, 1994.

GRAWITZ, M. *Métodos y técnicas de las ciencias sociales*. Barcelona: Hispano Europea, v. 2, 1975.

HAGUETTE, A. et alii. *Dialética hoje*. Petrópolis: Vozes, 1990.

HARLOW, E.; COMPTON, H. *Comunicação*: processo, técnica e práticas. São Paulo: Atlas, 1980.

HEGENBERG, L. *Explicações científicas*: introdução à filosofia da ciência. 2. ed. São Paulo: EPU: Edusp, 1973.

\_\_\_\_\_. *Etapas da investigação científica*. São Paulo: EPU: Edusp, v. 2, 1976.

HEMPEL, C. G. *Filosofia da ciência natural*. 2. ed. Rio de Janeiro: Zahar, 1974.

HIRANO, S. (org.) *Pesquisa social*: projeto e planejamento. São Paulo: T. A. Queiroz, 1979.

HUSSERL, E. *Investigações lógicas*: sexta investigação – elementos de uma elucidação fenomenológica do conhecimento. 2. ed. São Paulo: Abril Cultural. Coleção Os Pensadores, 1985.

HYMAN, H. *Planejamento e análise da pesquisa*: princípios, casos e processos. Rio de Janeiro: Lidador, 1967.

INÁCIO Filho, G. *A metodologia na universidade*. Campinas: Papirus, 1995.

JAPIASSU, Hilton. *O mito da neutralidade científica*. Rio de Janeiro: Imago, 1975.

JOLIVET, R. *Vocabulário de filosofia*. Rio de Janeiro: Agir, 1975.

KAPLAN, A. *A conduta na pesquisa*: metodologia para as ciências do comportamento. São Paulo: Herder: Edusp, 1975.

KAUFMANN, F. *Metodologia das ciências sociais*. Rio de Janeiro: Francisco Alves, 1977.

KERLINGER, F. N. *Foundations of behavioral research*. New York: Holt Rinehart and Winston, 1973.

\_\_\_\_\_. *Metodologia da pesquisa em ciências sociais*: um tratamento conceitual. São Paulo: EPU: Edusp, 1980.

KNELLER, G. F. *A ciência como atividade humana*. Rio de Janeiro: Zahar; São Paulo: Edusp, 1980.

KÖCHE, J. C. *Fundamentos de metodologia científica*. 7. ed. Caxias do Sul: UCS; Porto Alegre: EST, 1984.

KONDER, L. *O que é dialética*. 2. ed. São Paulo: Brasiliense, 1981.

KOPNIN, P. V. *A dialética como lógica e teoria do conhecimento*. Rio de Janeiro: Civilização Brasileira, 1978.

KORN, F. et alii. *Conceptos y variables en la investigación social*. Buenos Aires: Nueva Visión, 1973.

KRUSE, H. C. *Introduccion a la teoría científica del servicio social*. Buenos Aires: Ecro, 1972.

KUHN, T. S. *A estrutura das revoluções científicas*. São Paulo: Perspectiva, 1978.

KURY, A. da G. *Elaboração e editoração de trabalhos de nível universitário*: especialização na área humanística. Rio de Janeiro: Casa de Rui Barbosa, 1980.

LAKATOS, E. M.; MARCONI, M. A. *Metodologia científica*. São Paulo: Atlas, 1982.

_____. *Metodologia do trabalho científico*. São Paulo: Atlas, 1983.

LAGUARDIA, J. M. G.; MUÑOZ, J. L. *Guía de técnicas de investigación*. 13. ed. México: Cruz, 1974.

LEFÈBVRE, H. *Lógica formal/lógica dialética*. 2. ed. Rio de Janeiro: Civilização Brasileira, 1979.

LEHFELD, N. A. S.; BARROS, A. *O jovem e a pesquisa*. Franca: Unesp, 1997.

_____. *Projetos de pesquisa*: propostas metodológicas. 8. ed. Petrópolis: Vozes, 1999.

_____. *Metodologia científica*. Petrópolis: Horizontes Virtuais, 2007.

LIARD, L. *Lógica*. 9. ed. São Paulo: Nacional, 1979.

LODI, J. B. *A entrevista*: teoria e prática. 2. ed. São Paulo: Pioneira, 1974.

LUCKESI, C. et alii. *Fazer universidade*: uma proposta metodológica. São Paulo: Cortez, 1984.

MAGEE, B. *As idéias de Popper*. 3. ed. São Paulo: Cultrix, 1979.

MARCANTONIO, A. T. et alii. *Elaboração e divulgação do trabalho científico*. São Paulo: Atlas, 1993.

MARINHO, I. P. *Introdução ao estudo da metodologia científica*. Brasília: Brasil, s.d.

MARINHO, P. *A pesquisa em ciências humanas*. Petrópolis: Vozes, 1980.

MARQUEZ, M. O. *Conhecimento e modernidade em reconstruções*. Ijuí: Unijuí, 1993.

MARTINS, J.; CELANI, M. A. A. *Subsídio para redação de teses de mestrado e doutoramento*. 2. ed. São Paulo: Cortez & Moraes, 1979.

MERCADO, A. G. *Manual de técnicas de investigación*. 3. ed. México: El Colégio de México, 1981.

MINAYO, M. C. de S. *O desafio do conhecimento*: pesquisa qualitativa em saúde. São Paulo: Hucitec; Rio de Janeiro: Abrasco, 1992.

MINICUCCI, A. *Dinâmica de grupo*: manual de técnicas. 3. ed. São Paulo: Atlas, 1977.

MORA, J. F. *Dicionário de filosofia*. Tomo II L-Z. 3. ed. Buenos Aires: Editorial Sudamericana, 1969.

MORGENBESSER, S. (org.) *Filosofia da ciência*. 3. ed. São Paulo: Cultrix, 1979.

MORAIS, J. F. Regis. *Ciência e tecnologia. Introdução metodológica e crítica*. São Paulo: Cortez e Moraes, 1977.

NAGEL, E. *La estructura de la ciencia*: problemas de la lógica de la investigación científica. 3. ed. Buenos Aires: Paidós, 1978.

NUNES, E. de O. (org.) *A aventura sociológica*: objetividade, paixão, improviso e método na pesquisa social. Rio de Janeiro: Zahar, 1978.

OLIVEIRA, S. L. *Tratado de metodologia científica*. São Paulo: Pioneira, 1998.

PADUA, E. M. *Metodologia da pesquisa*: abordagem teórico-prática. Campinas: Papirus, 1996.

PARDINAS, F. *Metodología y técnicas de investigación en ciencias sociales*. México: Siglo Veintiuno, 1969.

PAULI, E. *Manual de metodologia científica*. São Paulo: Resenha Universitária, 1976.

PAZ, G. B. *Instrumentos de investigación*. 11. ed. México: Editora Mexicanos Unidos, 1983.

PEREIRA, W. (coord.) *Manual de introdução à economia*. São Paulo: Saraiva, 1981.

POLITZER, G. *Princípios elementares de filosofia*. 9. ed. Lisboa: Prelo, 1979.

POLITZER, G. et alli. *Princípios fundamentais de filosofia*. São Paulo: Hemes, s. d.

POPPER, K. S. *A lógica da pesquisa científica*. 2. ed. São Paulo: Cultrix, 1975.

_____. *A lógica das ciências sociais*. Rio de Janeiro: Tempo Brasileiro, 1978.

PRADO Junior, Caio. *Dialética do conhecimento*. 2. ed. São Paulo: Brasiliense, 1980.

REHFELDT, G. K. *Monografia e tese*: guia prático. Porto Alegre: Sulina, 1980.

RICHARDSON, R. J. et alii. *Pesquisa social*: métodos e técnicas. São Paulo: Atlas, 1985.

RILEY, M. W.; NELSON, E. E. *A observação sociológica*: uma estratégia para um novo conhecimento social. Rio de Janeiro: Zahar, 1976.

ROGERS, C. *Liberdade para aprender*. 4. ed. Belo Horizonte: Interlivros, 1977.

ROSEMBERG, M. *A lógica da análise de levantamento de dados*. São Paulo: Cultrix: Edusp, 1976.

RUDIO, F. V. *Introdução ao projeto de pesquisa científica*. 2. ed. Petrópolis: Vozes, 1979.

RUIZ, J. A. *Metodologia científica*: guia para eficiência nos estudos. São Paulo: Atlas, 1979.

RUMMEL, J. F. *Introdução aos procedimentos de pesquisa em educação*. 3. ed. Porto Alegre: Globo, 1977.

RUSSEL, B. *A perspectiva científica*. 4. ed. São Paulo: Nacional, 1977.

SALMON, W. C. *Lógica*. 4. ed. Rio de Janeiro: Zahar, 1980.

SALOMAN, D. *Como fazer uma monografia*. São Paulo: Martins Fontes, 1994.

SALVADOR, A. D. *Métodos e técnicas de pesquisa bibliográfica*: elaboração de trabalhos científicos. 8. ed. Porto Alegre: Sulina, 1980.

SANTOS, B. S. *Pelas mãos de Alice*. São Paulo: Cortez, 1995.

SCHRADER, A. *Introdução à pesquisa social empírica*: um guia para o planejamento, a execução e a avaliação de projetos de pesquisa não experimentais. Porto Alegre: Globo, 1971.

SELLTIZ, C. et alii. *Métodos de pesquisa nas relações sociais*. São Paulo: Herder, 1965.

SEVERINO, A. J. *Metodologia do trabalho científico*: diretrizes para o trabalho científico-didático na universidade. 5. ed. São Paulo: Cortez & Moraes, 1980.

SMART, B. *Sociologia, fenomenologia e análise marxista*: uma discussão crítica da teoria e da prática de uma ciência da sociedade. Rio de Janeiro: Zahar, 1978.

SORIANO, R. R. *Métodos para la investigación social*: una proposición dialéctica. México: Folios Ediciones, 1983.

SOUZA, A. J. M. de et alii. *Iniciação à lógica e à metodologia da ciência*. São Paulo: Cultrix, 1976.

SPINA, S. *Normas gerais para os trabalhos de grau*: um breviário para o estudante de pós-graduação. São Paulo: Fernando Pessoa, 1974.

TAKESHY, T.; MENDES, G. *Como fazer monografia na prática*. 2. ed. Rio de Janeiro: FGV, 1999.

TELLES Junior, G. *Tratado da conseqüência*: curso de lógica formal. 5. ed. São Paulo: José Bushatsky, 1980.

THIOLLENT, M. J. M. *Crítica metodológica, investigação social e enquete operária*. São Paulo: Polis, 1980.

_____. *Metodologia da pesquisa-ação*. São Paulo: Cortez, 1985.

TRIVIÑOS, A. N. S. *Introdução à pesquisa em ciências sociais*: a pesquisa qualitativa em educação. São Paulo: Atlas, 1987.

TURATO, E. R. *Tratado da metodologia da pesquisa clínico-qualitativa*: construção teórico-epistemológica, discussão comparada e aplicação nas áreas da saúde e humanas. Petrópolis: Vozes, 2003.

VERA, A. A. *Metodologia da pesquisa científica*. Porto Alegre: Globo, 1976.

YOUNG, P. *Métodos científicos de investigación social*. México: Instituto de Investigaciones Sociales de la Universidad del México, 1960.

# Anexo

**Um exemplo de projeto de pesquisa científica**

Universidade de Ribeirão Preto
Faculdade de Direito Laudo de Camargo
Campus de Ribeirão Preto

# AS NOVAS DIMENSÕES NA REGULAÇÃO DAS TELECOMUNICAÇÕES NO BRASIL

LUCAS DE SOUZA LEHFELD

Ribeirão Preto
1997

## Projeto de iniciação científica

## Título do projeto

As novas dimensões na regulação das telecomunicações no Brasil.

## Justificativa e relevância do tema

As recentes mudanças constitucionais nos dispositivos que previam o monopólio da União na exploração dos serviços de telecomunicações (CF, art. 21, XI ) provavelmente provocarão alterações na configuração do setor pela possibilidade de participação de capitais privados em áreas de investimentos antes restritas à administração direta federal e a empresas sob controle acionário estatal. Tais mudanças se inserem em um contexto mais geral de alterações constitucionais que, grosso modo, foram caracterizadas pelo adjetivo de 'privatizantes', na medida em que retiram do Estado algumas prerrogativas e exclusividades em sua atuação na "esfera produtiva", implementada pelo Poder Executivo.

Ocorre, porém, que o texto das emendas constitucionais está longe de implicar uma retirada completa do Estado de tais atividades, apontando mais no sentido de uma mudança qualitativa em seu papel: assim como em outros setores (como os do petróleo, do gás canalizado etc.), a alteração referente às telecomunicações "apenas" permitiu que empresas privadas também participem da exploração dos serviços mediante contrato administrativo de concessão,[1] prevendo, ainda, uma lei para regulamentar tais serviços e criar um órgão regulador para a área de telecomunicações. Isso exigirá do Estado uma nova forma de atuação, de caráter mais legislativo, regulador e fiscalizador (a ser implementada pelos poderes Legislativo e Executivo), em substituição à antiga forma de atuação direta em atividades econômicas.

No fim de 1995, após a aprovação da Emenda Constitucional nº 8, em 15 de agosto, o Ministério das Comunicações instituiu portarias que regulam a permissão ao setor privado para a exploração de alguns serviços, além de enunciar um plano de flexibilização contínua.

No Legislativo, algumas iniciativas começam a ser discutidas. Recentemente,[2] a Câmara aprovou um projeto de lei que regulamenta a participação de capitais externos nos serviços de telecomunicações — o projeto concede ao Ministério das Comunicações o poder de limitar essa participação a 49%, em casos de interesse nacional; com isso, o ministro poderia estabelecer uma reserva de mercado para empresas nacionais no setor nos próximos três anos.

Em julho de 1997, também entrou em vigência a Lei nº 9.472, que dispõe sobre a organização dos serviços de telecomunicações, bem como sobre a criação e o funcionamento do órgão regulador, a Agência Nacional de Telecomunicações (Anatel).

A análise dos diferentes modelos de regulação deverá focalizar a eficiência das telecomunicações. Quaisquer mudanças na regulação das telecomunicações provocarão impactos no setor terciário, em particular as relacionadas ao aumento do número de serviços que poderão vir a ser explorados pelo setor privado. Tais mudanças incrementarão a competitividade no setor e, conseqüentemente, a revisão das relações jurídicas e econômicas entre consumidores, prestadores e fornecedores de serviços e Estado, através do órgão regulamentador.

O sistema de monopólio público das telecomunicações do passado, estivesse ou não correto, passará agora a ser substituído por um novo ambiente competitivo, caracterizado pelo rápido desenvolvimento tecnológico, no qual a entrada de novas firmas deve ser encorajada. A eficiência proveniente de novos entrantes, da diversificação, de fusões e de alianças não poderá ser ignorada em um novo modelo regulatório.

Em vista disso, abre-se um amplo campo a ser regulado. Podem-se apontar como principais áreas que compõem o objeto de estudo:

a) atribuições gerais do órgão regulador, Anatel: poderes fiscalizadores, poderes normativos, estrutura administrativa e níveis de atuação (político, técnico etc.);
b) participação do capital estrangeiro nos serviços de telecomunicações;
sistema de licitações: especificidades do setor por meio de um regime normativo próprio ou pelo menos de regras mais particularizadas, diferentes da lei geral das licitações (Lei nº 8.666/93);
d) contratos administrativos de concessão e permissão — relações contratuais entre poder concedente e particulares, obrigações recíprocas etc. —, bem como aplicação da Lei nº 8.987/95;
e) relação normativa entre a Anatel e o Conselho Administrativo de Defesa Econômica (Cade), assim como seus reflexos na prestação de serviços ao consumidor (usuário);
f) relação normativa entre a Anatel e o Cade, assim como seus reflexos no controle antitruste sobre o setor de telecomunicações;
g) análise comparativa de modelos reguladores do setor de telecomunicações em nível internacional.

## Objetivos

### Objetivo básico

Aprofundar o conhecimento sobre a problemática da regulação do sistema de telecomunicações e suas implicações nos cenários institucional, jurídico e econômico, por meio de um estudo dos novos procedimentos de controle instituídos pelo órgão competente.

### Objetivos secundários

a) Contribuir para a análise dos modelos de regulação existentes no setor estudado;
b) analisar a relação entre os órgãos reguladores (Anatel e Cade), evidenciando as conseqüências no mercado consumidor nacional;
c) estabelecer um estudo comparativo entre os modelos reguladores internacionais e o institucionalizado no país (Lei nº 9.472/97).

## Metodologia

Na elaboração da pesquisa serão utilizados os métodos dedutivo, indutivo e comparativo, nos seguintes aspectos:
a) durante o exame dos textos doutrinários será utilizado o método dedutivo, pelo qual se procurará alcançar um denominador comum entre os autores;
b) a partir do método indutivo, serão também analisados diversos artigos especializados de telecomunicações, chegando a um consenso abrangente sobre a regulação desse setor com base em casos específicos;
c) o método comparativo auxiliará no exame das relações entre o modelo do órgão regulador nacional e o de outros países.

O trabalho será desenvolvido basicamente pela pesquisa bibliográfica nas áreas de conhecimento jurídico e econômico sobre o setor, pelo levantamento e análise da regulamentação existente no Brasil e das alterações do atual sistema normativo e regulador, bem como pelo estudo de alguns exemplos internacionais.

# Desenvolvimento do trabalho

Apresentação

Introdução

1. Cenário brasileiro
1.1. Breve histórico
1.2. Constituição Federal de 1988
1.3. Emenda Constitucional nº 8, de 1995
2. Legislação para telecomunicações: a Lei nº 9.295/96
2.1. Dos contratos
2.2. Da licitação
2.3. Órgão regulador
3. O órgão regulamentador: a Anatel
3.1. Natureza jurídica
3.2. Estrutura e competência
3.3. Interdependência em relação aos poderes
3.4. Relação normativa entre Anatel e Cade
4. A organização do mercado consumidor
4.1. A prestação de serviços ao consumidor: aspectos jurídicos e econômicos
4.2. A proteção jurídica do consumidor: o papel da Anatel e do Código de Defesa do Consumidor
4.3. A proteção do consumidor e a organização do mercado: o controle antitruste e a importância do Cade
5. A regulamentação das telecomunicações no direito comparado: análise da estrutura administrativa, funcionamento, competência e atribuições nos seguintes modelos:
5.1. Suíça
5.2. Estados Unidos
5.3. França
5.4. Reino Unido
6. Conclusão
7. Bibliografia
8. Cronograma

| | 1 | 2 | 3 | 4 | 5 | 6 | 7 | 8 | 9 | 10 | 11 | 12 |
|---|---|---|---|---|---|---|---|---|---|---|---|---|
| Levantamento bibliográfico e da regulamentação vigente | X | X | X | | | | | | | | | |
| Estudo das características jurídicas e econômicas (mercado consumidor) | | | | X | X | X | | | | | | |
| Relatório parcial | | | | | | X | | | | | | |
| Análise da regulação vigente e modelos de outros países | | | | | | X | X | X | X | | | |
| Análise das novas alterações na regulação do setor | | | | | | | | | | X | X | X |
| Encontros com o orientador (análise de documentos, orientação e entrega de relatórios) | X | | X | | X | X | | X | | | X | X |
| Relatório final | | | | | | | | | | | | X |

## Bibliografia

ANTONELLI, C. "Localized technological change in the network of networks: the interaction between regulation and the evolution of technology in telecommunications". *Industrial and Corporate Change*. Oxford: Oxford University Press, v. 4, n. 4, 1995.

BRASIL. Lei nº 8.666, de 21 de junho de 1993, atualizada pela Lei nº 8.883, de 8 de junho de 1994. São Paulo: Imesp, 1993.

_____. Lei nº 9 295, de 19 de julho de 1996. Lei que dispõe sobre os serviços de telecomunicações e sua organização, sobre o órgão regulador e dá outras providências. Brasília: Congresso Nacional, 1996.

_____. Lei nº 9.472, de 16 de julho de 1997. Lei que dispõe sobre a organização dos serviços de telecomunicações, a criação e funcionamento de um órgão regulador e outros aspectos institucionais, nos termos da Emenda Constitucional nº 8, de 1995. Brasília: Congresso Nacional, 1997.

_____. Lei nº 8.987, de 13 de fevereiro de 1995. São Paulo: Rideel, 2006.

COMISSÃO DE CONSTITUIÇÃO E JUSTIÇA E DE REDAÇÃO. Proposta de emenda à Constituição nº 03/95. Altera o inciso XI do art. 21 da CF. Brasília: Câmara dos Deputados, 1995a.

_____. Proposta de emenda Constitucional nº 03/95. Altera o inciso XI do art. 21 da CF: voto separado. Brasília: Câmara dos Deputados, 1995b.

_____. Proposta de emenda Constitucional nº 03/95. Altera o inciso XI do art. 21 da CF: parecer. Brasília: Câmara dos Deputados, 1995c.

_____. Emenda Constitucional nº 8. Brasília: Câmara dos Deputados, 1995d.

Di PEDRO, M. S. Z. *Direito administrativo*. 6. ed. São Paulo: Atlas, 1996.

ENTERRIA, E. G. de. *Curso de derecho administrativo*. Madrid: Civitas, 1983.

FAGUNDES, J. L. S. S. *Serviços de telecomunicações:* progresso técnico e reestruturação competitiva. Rio de Janeiro: IEI, 1995.

FIORATI, J. J.; FIORATI Junior, W. "A linguagem no regime jurídico administrativo". *Revista de Informação Legislativa*. Brasília: Senado Federal (prelo).

FOLHA DE SÃO PAULO. "Governo vai propor órgão regulador". São Paulo, 4 dez. 1996. *Folha Dinheiro*, p. 2-11.

GAZETA MERCANTIL. "Saem normas para concessão de celular". São Paulo, 5 nov. 1996, p. B-3.

GRAU, E. *Elementos de direito econômico*. São Paulo: RT, 1981.

LIMA, R. C. *Princípios de direito administrativo*. 5. ed. São Paulo: RT, 1982.

MELLO, C. A. B. *Discricionariedade e controle jurisdicional*. São Paulo: Malheiros: 1992.

_____. *Curso de direito administrativo*. 4. ed. São Paulo: Malheiros, 1993.

MINISTÉRIO DAS COMUNICAÇÕES. *As telecomunicações e o futuro do Brasil: flexibilização do modelo atual*. Brasília: Secretaria Executiva, 1995.

_____. Portaria nº 911, de 19 de julho de 1996. Brasília: Secretaria de Serviços de Comunicações, 1996.

MORAES, L. R. de. *A reestruturação dos setores da infra-estrutura e a definição dos marcos regulatórios*. Brasília: Ipea, 1997.

OLIVEIRA, J. C. de. *O papel do Estado nas concessões de serviços públicos*. Tese (doutorado em direito). Faculdade de Direito, História, Serviço Social da Unesp, Franca, 1995.

OLIVEIRA, J. de. *Constituição da República Federativa do Brasil*. 11. ed. São Paulo: Saraiva, 1995.

PESSINI, J. E. *Competitividade da indústria de equipamentos de telecomunicações*. Nota técnica do projeto estudo da competitividade da indústria brasileira. IE/Unicamp e IEI/UFRJ, financiado por MCT/Finep/PADCT, 1993.

REVISTA DOS TRIBUNAIS. "Jurisprudência sobre telecomunicações". São Paulo: RT, [entre 1990 e 1997].

RODAS, J. G. *Sociedades comerciais e Estado de S.P.* São Paulo: Unesp: Saraiva, 1995.

ROSSTON, G. L.; TEECE, D. J. "Competition and 'local' communications: innovation, entry and integration". *Industrial and Corporate Change*. Oxford: Oxford University Press, v. 4, n. 4, 1995.

## Notas

1. O texto constitucional revogado era o seguinte: "Compete à União: [...] explorar diretamente, ou mediante **concessão a empresas sob controle acionário estatal**, os serviços telefônicos, telegráfico"; o texto já alterado prevê que compete à União "explorar, diretamente, ou **mediante autorização, concessão ou permissão**, os serviços de telecomunicações". Vê-se, portanto, que a alteração diz respeito ao fim da exclusividade das empresas estatais na concessão para exploração de tais serviços, que continuam sob controle da União.
2. Em maio de 1996.